建筑设计原理

牟晓梅◇主编

U0312550

黑龙江大学出版社

HEILONGJIANG UNIVERSITY PRESS

图书在版编目（CIP）数据

建筑设计原理 / 牟晓梅主编 . -- 哈尔滨：黑龙江
大学出版社，2012.7（2021.9 重印）
ISBN 978-7-81129-530-6

Ⅰ . ①建… Ⅱ . ①牟… Ⅲ . ①建筑设计—高等学校—
教材 Ⅳ . ① TU2

中国版本图书馆 CIP 数据核字（2012）第 198905 号

建筑设计原理
JIANZHU SHEJI YUANLI
牟晓梅　主编

责任编辑	张怀宇　曲丹丹
出版发行	黑龙江大学出版社
地　　址	哈尔滨市南岗区学府三道街 36 号
印　　刷	三河市春园印刷有限公司
开　　本	787 毫米 ×1092 毫米　1/16
印　　张	16.75
字　　数	377 千
版　　次	2012 年 7 月第 1 版
印　　次	2022 年 1 月第 3 次印刷
书　　号	ISBN 978-7-81129-530-6
定　　价	68.00 元

《建筑设计原理》编委会

主　　编　牟晓梅

副 主 编　高早亮　刘　杰　张翠娜

编写人员　孟　杰　高早亮　刘　杰　张翠娜

　　　　　戴　晋　韩微雪　牟晓梅

前　　言

本书是在《公共建筑设计原理》(张文忠主编)、《建筑设计原理》(李延龄主编)等教材的基础上,根据国家现行建筑设计规范、当代最新建筑设计的成功案例及编者多年教学、设计实践经验进行编写的。本书密切结合新的教学大纲及国家有关建筑设计的新规范、新标准,内容系统、全面;所选用的案例力求有代表性、针对性,所用的设计案例能够解释相关设计问题,为初学者提供参考,指导其今后的建筑设计实践。

本书打破了有关建筑设计原理教材的框架,根据编者长期的教学经验进行重新编排,脉络清晰,便于读者更好地学习掌握本门课程,在主要部分均设置本章小结及思考题。

本书由黑龙江科技大学牟晓梅副教授主编,哈尔滨工业大学孙清军教授主审。

本书编写分工如下:

绪论	黑龙江科技大学高早亮编写
第1章　建筑基本知识	黑龙江东方学院孟杰编写
第2章　建筑的空间与组织	黑龙江科技大学牟晓梅编写
第3章　建筑的功能分析与组织	黑龙江东方学院刘杰编写3.1、3.2
	哈尔滨学院张翠娜编写3.3、3.4
第4章　外部环境设计	黑龙江科技大学高早亮编写
第5章　建筑与技术	中国航天建筑设计研究院(集团)大连分院戴晋编写
	大庆油田房地产开发有限责任公司韩微雪编写
第6章　建筑造型与立面的艺术处理	黑龙江科技大学牟晓梅编写

全书由牟晓梅老师统稿。

由于编者水平有限,书中有许多不足之处,希望广大读者提出宝贵意见,以便进一步修改和提高。

编者
2012 年 3 月 16 日

目　　录

绪　　论

1　课程的性质、目的、内容及要求

（1）课程的性质、目的

建筑设计原理是建筑学、城市规划等专业的基本理论课程之一，也是建筑学专业的主干课程。其任务是通过各种公共建筑物设计过程中所涉及的共性问题来理解公共建筑设计的一般性原则和方法，并帮助学生建立全面的建筑观，关注建筑与建筑理论的发展，为其今后的建筑设计打下必要的理论基础。

（2）课程的内容及要求

本书所述内容是公共建筑设计原理，是三大建筑设计原理（包括公共建筑设计原理、住宅建筑设计原理和工业建筑设计原理）课程之一，全书共分为：绪论、建筑基本知识、建筑的空间与组织、建筑的功能分析与组织、外部环境设计、建筑与技术、建筑造型与立面的艺术处理。它涵盖了建筑的空间论、环境论、功能论、技术论、艺术论等内容，是公共建筑设计的基本理论知识。

本书使学生能够较好地掌握建筑设计的基本方法、构思途径及建筑形象创作的基本原理，包括对有关空间理论、造型手段、环境分析和场地设计等的掌握。

（3）本课程与其他课程的关系

建筑学、城市规划等专业的整个课程体系就如同一个"树形"结构（图0-1）一样，其主要特点有以下两个方面：

①设计类课程是核心主干

建筑设计课程贯穿于整个课程的始终，包括从一年级的设计技法训练到五年级的毕业设计等。

②其他课程构成了不同的课程模块

建筑学、城市规划等专业的课程模块包括设计理论、视觉艺术及技法训练、材料构造技术、计算机辅助设计、建筑史等，这些课程模块共同支撑起核心主干部分。其中，建筑设计原理就是设计理论模块的重要组成部分之一。

本课程应该设置在建筑设计基础、技法训练及建筑概论等课程之后，其他后续课程主要是建筑设计系列课程。

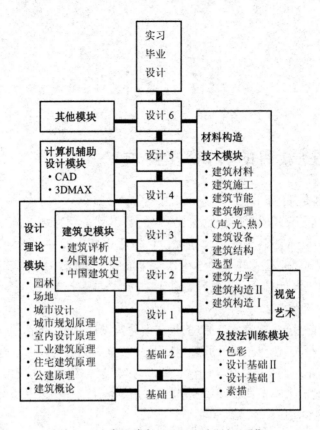

图 0-1 建筑学专业课程体系"树形图"

2 关于"原理"的定义及其学习意义

（1）原理

原理是某一领域或学科中带有普遍性的、最基本的，可以作为其他规律的基础的规律，它以大量实践为基础，其正确性可直接由实践来检验与确定。建筑设计原理包括两部分的基本规律：一是建筑自身的规律，二是使用建筑的规律。

①建筑自身的规律

建筑自身的规律具有相对明晰、稳定的性质。如一个阶梯教室所能容纳的班级数、空间大小、视线设计、座位的排距等都是建筑自身的规律，这些规律具有可以认知、清晰和稳定的性质。

②使用建筑的规律

使用建筑的规律具有相对模糊、变化的性质。如幼儿园建筑，在从早晨儿童入园到晚上儿童出园整个过程中，存在着很多的环节，有晨检、学习、午餐、午睡及户外活动等，见图 0-2。各个环节都存在着一定的规律，但是这些使用上的规律需要我们进行进一步的研究来获得。

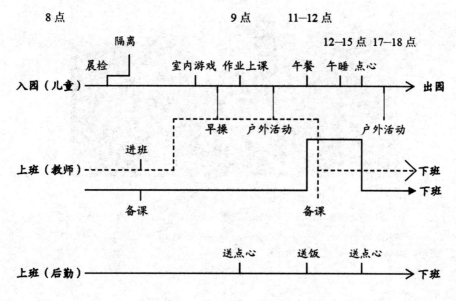

图 0-2　幼儿园流程组织图

（2）学习原理的意义

建筑是供人们在其中生活、工作和学习的空间,建筑的真正意义在于为人服务。因此,建筑师应当有足够的耐心来向建筑的使用者求教,增强参与意识,努力听取他人的意见、建议。如在西方国家,一个区域要进行改造,当地相关的建设管理部门会在一个指定地点陈列出该项目改造、规划的计划和沙盘模型等,市民都可以走进来了解该项目及未来将要发生的变化等,并提出自己的意见和看法。

学习原理的意义首先不仅仅是为探索和正确理解这些规律,而是要在设计工作中适用这些规律,并求得设计理论方面的指导(即理论积累)及设计方法方面的指导(即方法积累)。此外,通过对某些建筑作品的了解、分析,可以初步掌握、理解建筑大师的创作风格及其对建筑的不同观察视角。建筑师对于建筑的认识与理解受其生活经历、教育背景、工作体验等方面的影响。如北京 CCTV 新大楼(图 0-3)的设计者库哈斯、意大利罗马小体育宫(图 0-4)的设计者奈尔维和维泰洛齐、瑞士著名建筑师彼得·卒姆托及现代建筑大师勒·柯布西耶等都认为,他们的作品(图 0-5、图 0-6)与其生活经历等有关。柯布西耶曾经做过钟表匠,他主张"建筑是住人的机器",这些经历对其作品也都产生了不小的影响。可见,作为建筑学专业的学生——这些未来的建筑师,不能说自己对什么不感兴趣,对什么可以不关注,因为工作、生活中的很多经历、感受都将对你从业后的设计实践产生深远的影响。

图 0-3 CCTV 新大楼

曾经做过记者的库哈斯将对社会问题的关注与建筑设计熔为一炉,将建筑视为无数事件交互碰撞的一个反应体,将建筑视为人们了解世界的窗口,将建筑看成一种发掘和制造事件的方式。

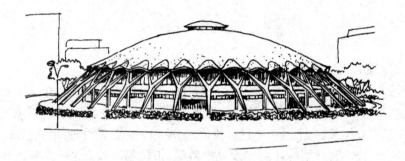

图 0-4 罗马小体育宫

该建筑由意大利著名的建筑师奈尔维等人设计,是技术与艺术完美结合的典例,这与奈尔维曾经是结构工程师不无关联。

图 0-5 瑞士瓦尔斯温泉浴场

图 0-6　圣本尼迪克特礼堂

瑞士著名的建筑师彼得·卒姆托设计的建筑,造型极为纯净。卒姆托曾在一位木匠身边以学徒的身份学习木工相关技术,这些不同寻常的经历使他的作品能突出地表现出对材料、表皮、光、石及质感、构造、工艺等方面的关注。其作品令人感受到是建立在对建材充分了解基础之上的再创造,如在瓦尔斯温泉浴场设计中,他使石材变得登峰造极,采用当地石材进行整体式的石块板构造,把石材切割成薄板,用混凝土做好构架后置于事先砌筑好的石板墙上,精确地确定间距,并留出空隙让阳光直接进入,比安藤忠雄的作品还纯粹。他的设计概念、空间的组织规律和空间划分特征、光的运用,堪称炉火纯青。

第1章 建筑基本知识

1.1 关于"建筑"的定义

1.1.1 建筑的基本认知

建筑学究竟是一门什么样的学科呢？它对于我们正确认识和理解建筑又有哪些益处呢？以下几方面的讨论对于我们正确认识建筑会有所帮助。

1.1.1.1 建筑就是房子

当我们把建筑当作一门学问来研究时，发现建筑就是房子的说法是不确切的。房子是建筑物，但建筑又不仅仅只是房子，它还包括不是房子的其他对象，如纪念碑、北京妙应寺白塔等。纪念碑和塔不能住人，不能说是房子，但是都属于建筑物。这个问题比较混沌、模糊。但是，人们对这些对象不是房子却属于建筑物已经有所了解了。

1.1.1.2 建筑就是空间

房子是空间，这一点是无疑的，而那些不属于房子的纪念碑、塔等对象也是空间吗？事实上，两者的实体与空间是相反的。房子是实体包围着空间，而纪念碑是空间包围着实体。前者是实空间，后者则是虚空间。实空间、虚空间都是人活动的场所。因此，我们说建筑就是空间这种提法是有一定道理的。

1.1.1.3 建筑是住人的机器

现代建筑大师勒·柯布西耶曾经说过"建筑是住人的机器"。他指出建筑应该是提供人活动的空间，包括物质活动和精神活动等。

1.1.1.4 建筑就是艺术

18 世纪的德国哲学家谢林曾经说过"建筑是凝固的音乐"，后来德国的音乐家豪普德曼又补充道："音乐是流动的建筑。"这些认识无疑是把建筑当作艺术来看待了。但建筑不仅仅具有艺术性，建筑与艺术二者具有交叉关系，见图 1-1。建筑还有其他属性，如技术性、空间性、实

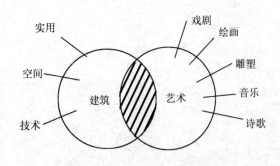

图 1-1　建筑与艺术的关系图

用性等。而艺术领域不单纯只有建筑,还包括绘画、雕塑、诗歌、戏剧等。

1.1.1.5　建筑是技术与艺术的综合体

被誉为"钢筋混凝土的诗人"的意大利著名建筑师奈尔维认为"建筑是技术与艺术的综合体"。其设计的罗马小体育宫所运用的波形钢丝网水泥的圆顶薄壳既是结构的一部分,又是建筑造型的重要元素,在造型设计中发挥着美学功效。此外,建筑大师赖特认为:建筑是用结构来表达思想的,有科学技术因素蕴含在其中。

1.1.2　建筑的概念

1.1.2.1　《辞海》

《辞海》对"建筑"有三种解释:①建筑物和构筑物的通称。②工程技术和建筑艺术的综合创作。③各种土木工程、建筑工程的建造活动。建筑物通称"建筑",一般指供人们进行生产、生活或其他活动的房屋或场所。例如,工业建筑、民用建筑、农业建筑和园林建筑等。这样的解释比较通俗、全面,涉及建筑所代表的建筑物和构筑物这两类主要成果,建筑的创作活动及其主要特性、建造活动及其工程性质,反映了人们对建筑的最基本认识。

1.1.2.2　《建筑批评学》

郑时龄先生在《建筑批评学》中指出:建筑是人和社会存在的环境,建筑也是人的本质力量的文化符号。建筑与城市在自然的背景中共同构成了我们生活的环境,构成了不同国家和地域的特色。用材料、结构、原型、形象、空间和体量提供了人们生存的场所,成为社会发展和历史演化的场景。这种将建筑看作"生活的环境"、"生存的场所"的观点值得我们关注。

现在,人们对于建筑的认识,又突破了单体建筑或群体建筑的界限,从学术上和实践上更加认可将建筑纳入"环境"、"聚居"、"聚居环境"或"人居环境"等范畴之内,将建筑设计归属于环境设计、聚居设计、聚居环境设计或人居环境设计等。

1.1.2.3　《人居环境科学导论》

吴良镛先生在《人居环境科学导论》中认为:建筑师自己首先应在认识上有所突破,即将建筑从房子的概念延至聚居的概念。整个聚居环境就不是房子与房子的简单叠加,而是人们多种多样的生活和工作的场所。在该书中,吴良镛先生受道萨迪亚斯(C. A. Doxiadis,1913～1975)人类聚居学的启示创造性地提出了"人居环境科学"。在对"人居环境"进行释义时,吴良镛先生认为:人居环境,是人类聚居生活的地方,是与人类生存活动密切相关的地表空间,它是人类在大自然中赖以生存的基地,是人类利用自然、改造自然的主要场所。按照对人类生存活动的功能作用和影响程度的大小,在空间上,人居环境又可以再分为生态绿地系统与人工建筑系统两大部分。在人居环境中,建筑物作为一个子系统自然而然地被包括在内,与其他四个子系统——自然、人、社会、网络相提并论。

建筑物是为了满足社会的需要,利用物质技术手段,在科学规律和美学法则的支配下,通过对空间的限定、组织而创造的人为的社会生活环境。构筑物是指人们一般不直接在其中进行生产和生活的建筑,如水坝、烟囱、蓄水池等。从广义上来讲,建筑是建筑物和构筑物及其他各种生活场所的总称,是人居环境的重要组成部分,是自然环境中的人工环境,是人的存在环境和生活环境,是建筑师等设计工作者的创作成果,是建造活动的产品。通常,建筑是建筑空间与建筑实体的结合;是建筑技术与建筑艺术的结合;是物质文化与精神文化的结合;是继承与创新的结合;是理想与现实的结合。

1.1.3 全面的建筑观及建筑物的三要素

建筑观是人们对世界建筑和建筑世界的总的看法。我们日常接触到的建筑现象有两种:一类是"形"象建筑,如建筑摄影、三维动画、方案图、模型照片等;另一类是"意"象建筑,如语言文字的描述。这两种"建筑"与真实的建筑一起形成了对世界建筑和建筑世界的总的看法。实际上,在现实生活中,我们需要面对的建筑现象有三种:真实的(建筑设计的原型);意象的(方案设计的原型);图像的(建筑设计的主要领域)。真实的和意象的层面构成了设计的双重原型。

建筑是按一定的目的或原则而展开的营造活动,同时又表达了一种设计过程,从而达到真实和意象的统一。所谓建筑设计原理是把(真实的或意象的)原理落实到图像层面(设计过程)的方法体系。我们要建立一个全面的建筑观,首先要对建筑有一个全面的认识。建筑的本义:一方面是修建房屋、道路、桥梁等;另一方面是建筑物,包括古老的建筑、现代的建筑。建筑物是人们用泥土、砖、瓦、石材及木材、(近代)钢筋混凝土、型材等建筑材料搭建的一种供人居住和使用的物体,如住宅、桥梁、体育馆、窑洞及寺庙等。

1.1.3.1 建立一个全面的建筑观

建立一个全面的建筑观尤为重要。我们可以从人工建造、空间和体量及目的性来阐述建筑,使初学者建立一个较为清晰、全面的概念。要建立一个全面的建筑观,首先对建筑要有一个全面的认识。

(1)人工建造

人工建造主要是指建筑物是人工建造且使用人工材料,经过人工安排、改造、建设起来的,像天然山洞和陕北地区的民居窑洞就具有显著的区别。天然山洞是自然物,而窑洞则是建筑。

(2)空间和体量

内部空间是指装载、容纳人类自身生活的一种容器,表现为空间和体量。建筑物是可以提供人们生产、生活的内部空间环境,正是这部分空间对建筑发挥着积极的作用。

(3)目的性

人类总是有目的地改造空间与体量,改造人类生存的环境。如美国建筑师设计的流浪者收容所是住宅设计,其目的是改善流浪者的生存居住环境。

1.1.3.2　建筑物的三要素

建筑物的三要素包括人工、时效和内部空间。人工即人工建造,使用人工材料;时效是指使用寿命相对稳定、长久;内部空间是指主要使用内部空间。

运用上述建筑物的三要素可以区分建筑物及构筑物。构筑物通常指的是不具备、不包含或不提供人类居住功能的人工建造物,比如桥梁、堤坝、隧道、纪念碑、围墙等都缺少建筑物的三要素。

（1）法国米约高架桥

世界最高的桥法国米约高架桥（图1-2）就不符合建筑物的三要素的要求。

图1-2　法国米约高架桥

（2）西安半坡遗址

西安半坡遗址（图1-3、图1-4）是标准的建筑物,具备建筑物的三要素。

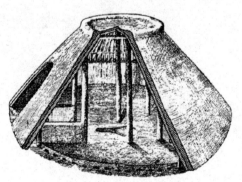

图1-3　西安半坡遗址一　　　　　　　　图1-4　西安半坡遗址二

1.1.4 建筑学的认识

建筑学是一门以研究人居环境(或称为"人－环境系统")设计为核心的学科和科学。建筑学处于自然科学与社会科学的交叉地带。

关于"建筑学"和"建筑学的内容",杨廷宝、戴念慈老师在《中国大百科全书:建筑、园林、城市规划》一书中有如下精辟的论述:建筑学是研究建筑物及其环境的学科,旨在总结人类建筑活动的经验,以指导建筑设计创作,创造某种体形环境。其内容包括技术和艺术两个方面。传统的建筑学的研究对象包括建筑物、建筑群以及室内家具的设计、风景园林和城市村镇的规划设计。随着建筑事业的发展,园林学和城市规划逐步从建筑学中分化出来,成为相对独立的学科。中国古代把建造房屋以及从事其他土木工程活动统称为营建、营造。建筑这一多义词从日语引入,它既表示营造活动,又表示这种活动的成果——建筑物,也是某个时期、某种风格建筑物及其所体现的技术和艺术的总称,如隋唐建筑、文艺复兴建筑、哥特式建筑。英语中的 architecture 一词来自拉丁语 architectua,可理解为关于建筑物的技术和艺术的系统知识,即我们所称的建筑学。我们将建筑学内容分为设计、构造、历史与理论、城市设计、建筑物理几方面进行介绍,因为指导建筑设计实践是建筑学的最终目的,所以建筑设计是建筑学的核心。

建筑设计是一种技艺,古代靠师徒承袭,口传心授,后来虽然开办学校,采取课堂教学方式,但是仍需通过设计实践来学习。有关建筑设计的学科内容大致可分为两类。一类是总结各种建筑的设计经验。按照各种建筑(如住宅、学校、医院及剧场等)的内容、特性、使用功能等,通过范例阐述设计时应注意的问题及解决这些问题的方式、方法。另一类是探讨建筑设计的一般规律,包括平面布局、空间组合、交通安排以及有关建筑艺术效果的美学规律等等,后者称为建筑设计原理。在介绍"建筑历史"与"建筑理论"时,戴念慈和杨廷宝老师这样写道:建筑历史研究建筑、建筑学发展的过程及其演变的规律,研究人类建筑历史上遗留下来有代表性的建筑实例,从中了解前人的有益经验,为建筑设计汲取营养。建筑理论探讨建筑与经济、社会、政治、文化等因素的相互关系;探讨建筑实践所应遵循的指导思想及建筑技术和建筑艺术的基本规律。建筑理论与建筑历史之间有密切的关系。

考察建筑学漫长的发展道路,不难发现它经历了三个大的发展阶段,即传统建筑学阶段、近现代建筑学阶段和当代建筑学阶段。

1.1.4.1 传统建筑学阶段

传统建筑学阶段包括建筑设计、结构设计、规划设计、室内设计、园林设计等,各专业尚未分化。

1.1.4.2 近现代建筑学阶段

近现代建筑学阶段是指在学科、专业分工细化的观念和背景下,结构设计、规划设计、室内设计、园林设计等学科分化出去各自独立,建筑学成为以建筑设计为主的独立学科。

1.1.4.3　当代建筑学阶段

当代建筑学阶段是以城市设计为核心作用,从观念和理论基础上把建筑学、地景学、城市规划学的要点整合为一,是"着眼于人居环境建造的建筑学",是以"人 – 环境系统设计"为主的建筑学,是在"广义建筑学"、"人居环境科学"和"人 – 环境系统设计"观念和背景下形成的新建筑学。

1.2　关于"设计"的概念

1.2.1　关于设计的定义

设计即设想与计划,设想与构想要符合计划。

设计是先于事物的严密而符合逻辑的设想、规划,是对想象的系统化,并以可以接受的方式表达出来。设计实际上需要经历立意→构思→设计→表达等阶段,立意是设计的初始阶段,是设计的灵魂。

设计在下笔之前首先要思考清楚,确定自己的基本想法及观点,想要设计什么,将做什么,然后再继续进行,做到从容而不反复,所谓"意在笔先"就是这个道理。贝聿铭设计的法国卢浮宫新馆建筑(图 1 – 5)可以说明上述问题。建筑工作存在着思想探索的先锋性与实际工作的滞后性之间的矛盾。

图 1 – 5　法国卢浮宫新馆

世界著名建筑大师贝聿铭在设计法国卢浮宫新馆时,经过严密的理性推导、分析及对法国文化背景的深刻认识与理解,最终决定利用玻璃、钢骨架等材料达到让新馆"隐身"的效果。正是这种"隐身"的手法使得卢浮宫新馆获得了建筑设计上的极大成功,其建成之后丝毫没有影响到它后面的老建筑。

建筑师应该具有较强的表达能力(即写的能力)、系统化及逻辑化的思维方式、计划总结能力、超乎一般人的想象力及非常人的观察力等。因此,一个合格的建筑师,其对于一个问题的回答不会仅有一个,而是基于对这个问题的良好的理解和认识,能给出若干个备选答案。

1.2.2 关于"建筑设计"

在西方,视觉艺术的三大形式包括绘画、雕塑和建筑,可见建筑被列入了艺术的范畴。

1.2.2.1 建筑设计具有唯一性

工业产品的生产是在工业化的前提下,生产大量需要的批量产品,其主要特点是工业化、定型化和批量化;而在工业时代后,建筑的唯一性就表现得不再突出了,集中体现在现代建筑的国际化趋势及建筑工业化的要求等方面。19 世纪下半叶,在新建筑运动中,勒·柯布西耶等人提出的"房屋是住人的机器",目的就是主张走建筑工业化的道路。在当代欧美一些国家广泛应用吊装技术,把装配式房屋发展到了一定水平。从上述现象来看,建筑似乎也如同工业产品一样,其唯一性无形中正在被改变,配件的生产工厂化,到了施工现场进行组装,致使人们质疑建筑设计的唯一性是否有改变的可能? 但是,我们要记得由于时间、地点、设计人的不同,建筑仍然不同,再加之建筑设计需要多工种合作来完成。由此得出结论,建筑设计具有唯一性这一点是不容置疑的,建筑与工业产品是有区别的。

1.2.2.2 建筑设计考虑的基本要素

在建筑设计过程中,设计师需要考虑的基本要素主要包括自然、人文、技术及资金等方面。

自然要素是指气候、水文、地质条件,其中地质条件可能存在地裂缝、湿陷性黄土地带等常见情况,这属于非人为因素,环境、基地情况也属于非人为因素。

国家的法律、法规、标准、规范等是社会因素的限制;文化、习俗、传统,应该得到尊重,见图 1-6、图 1-7。

业主要求,即甲方委托书。在西方,业主选定具有某种设计风格的建筑师来完成自己对于风格的需求,业主和设计师所认同的两种风格往往是相近的。

其他方面,包括资金筹措、场地条件、材料限制等。

1.2.2.3 建筑设计的方针

1953 年新中国成立初期,周总理提出了"适用、经济,在可能的条件下注意美观"的建筑方针,阐明了建筑的功能要求、技术条件和艺术形象三者之间的辩证统一关系,对当时的建筑工作起到了巨大的指导作用。1986 年,建设部总结以往建设实践的经验,结合我国实际情况,制订了新的"全面贯彻适用、安全、经济、美观"的建筑方针。

适用是一个社会问题。从一个房间,一所工厂或学校,以至一组多座建筑物间相关

图 1-6　香港中国银行大厦　　　　　图 1-7　香港汇丰银行大厦

文化即地域间的习俗、生活方式等。文化对建筑的影响是多方面的,诸如功能、形式、所用材料等。我国古建筑注重的轴线、脊饰、枕山面屏等,都带有浓郁的文化、地域特色。此外,"风水"观念对于建筑设计也有很深的影响,这在香港中国银行大厦及汇丰银行大厦的设计中都有所体现。1985 年,贝聿铭在设计香港中国银行大厦时,觉得一定要使邻近的汇丰银行大厦这一殖民统治的标志相形见绌,展示出"中国人民的抱负"。他利用 1.3 亿美元和极小的地盘建起了充满锋利棱角的大楼。此外,汇丰银行大厦地面的四水归堂、"肥水不流外人田"等做法都属于"风水"的观念。

的联合,乃至一整座城市工商区、住宅区、行政区、文化区等等室外部署,每个大小不同、功用不同的单位内部与各单位间的分隔与联系,都需使其适合生活和工作,适合社会的需求,其适用与否对工作或生活的效率,增加居住及促进工作者身心健康发展是有密切影响的。

坚固是工程问题。在解决了适用问题之后,要选择经济而能负载起活动所需要的材料与方法以实现之。坚固主要是指技术等物质手段。技术是建筑产生发展的手段,是建筑得以实现的物质基础,是人工的控制环境,是建筑营造过程的条件和保证,需要我们给予极大的关注。建筑技术主要包括建筑结构、建筑构造、建筑设备与建筑工程施工技术等各项技术。建筑技术越成熟就越会带来稳定的效果,技术成熟、稳定代表着技术的实际功效最大限度地发挥;反之,先进技术只是代表它具有一定的领先性,技术较新。建筑所利用的技术要稳定,能够充分发挥实效作用。从日本高层建筑的建造可以看出他们对待技术的态度。日本在 20 世纪 80 年代,高层建筑就已经处于较为成熟的阶段。90 年代后,由于经济等原因放慢了发展的速度,调整了建筑的追求目标,从更多的方面考虑人的需求。在设计理念、结构抗震、构造技术和施工技术等方面都创造出了一套较为完整的体系,处于亚洲的领先地位,并不断地向国外输出这些技术。如北京的京广中心大厦(图1-8)、汉城(今首尔)的"韩国贸易中心"、新加坡的"共和广场大厦"等。

美观是艺术问题。尽量引起居住者或工作者的愉快感。在情感方面愉快的人,神经

图 1-8　京广中心大厦

该建筑1990年竣工,位于北京朝阳区CBD商务中心区,是集酒店、办公楼、酒店式公寓等多功能于一体的建筑,在CBD新的楼群落成前,一直被冠以"北京之巅"的美名,是界定朝阳区CBD北端的地标。其拥有我国古代象征幸福的扇形主立面,三层结构借天坛三层重檐之意。在20世纪90年代,作为我国现代化的象征,京广中心大厦是现代设计与中国传统美学完美结合的重要作品之一。京广中心大厦是由香港京广开发有限公司和北京华阳经济开发公司联合出资建设经营的,日本株式会社设计事务所担任设计,株式会社熊谷组与熊谷组(香港)有限公司负责结构设计和施工。京广中心大厦可以作为日本在高层建筑方面技术输出的一个案例。日本属岛国,危机意识强,加之经济危机,使得日本人害怕浪费。其精明之处就在于他们极早地看到了高层建筑存在的问题——虽然技术上可行,但是浪费严重,是技术过盛的建筑类型。高层建筑无论是建造,还是后期使用及维护等都会造成巨大的浪费。日本人的危机意识促使他们看到了高层建筑就是一种技术炫耀,同时日本人还发现中国人喜欢高层建筑。因此,日本用了几十年的时间将很多高层建筑都建在了我国(主要是北京、上海等地)及其他一些国家。

平静,性情温和,工作效率较高,精力充沛,具有创造性。由于人类生活需求的发展及审美意识的不断提高,促使建筑形式不断推陈出新。究其原因是建筑最基本的物质需求已经不能满足现代人对建筑的要求,建筑造型的美观、建筑情感的表达等已经成为人们评判建筑好坏、优劣的标准。因此,探索新建筑形式也成为建筑师从事建筑设计的重要工作内容之一。建筑精神功能的扩大化推动了建筑新形式的发展,使我们感受到建筑形式的出现似乎是无止境的,建筑形式也是造屋的主要目的之一。

时代不同,历史条件不同,人们对三者关注的重点也会有所不同。在古罗马末期,维特鲁威就在《建筑十书》中提出了建筑设计三要素的问题。可见,从古至今建筑设计三要素就一直是建筑设计本身所包含的内部规律。建筑设计三要素既是一个统一体,又相互存在矛盾,在时间与空间的转换中不断地变换着主题。

在科技高度发达的今天,它仍然是建筑设计的核心问题。这就需要从其自身出发,把它作为一个整体来思考,三者是协调统一的,以建筑设计的"可能性"来化解矛盾。

建筑设计要解决使用者、建筑、环境三者间的关系。使用者的行为特征是建筑设计、环境设计的依据,使用者的行为与空间环境之间存在着双向联系,一方面使用者在空间环境中起主导作用,理想的空间环境设计与创造都是为使用者服务,满足使用者多样化行为的需求。但同时,环境又限定使用者的行为,是使用者获取信息的来源。由此看来,行为心理是使用者与建筑、环境相互关系的基础。建筑设计的核心是摒弃使用者不需要的环境因素,控制使用者需要的、有用的环境因素。建筑设计也是改变局部环境的过程。建筑一旦建成,整个环境也随之发生改变。好建筑能够满足使用者方便、有效、经济地控制环境。如哈尔滨 1.8 米以下的土为非冻土等,这些都是进行建筑设计时要关注的环境因素,其利用和控制得好与坏会影响到建筑设计的质量。再比如关于生存环境问题,也应当是建筑师、规划师重点关注的。在西安、北京等城市地区出现的"城中村"现象,有什么改造的办法? 从狭义上说,"城中村"是指农村村落在城市化进程中,由于全部或大部分耕地被征用,农民转为居民后仍在原村落居住而演变成的居民区,亦称为"都市里的村庄"。从广义上说,"城中村"是指在城市高速发展的进程中,滞后于时代发展步伐、游离于现代城市管理之外、生活水平低下的居民区。"城中村"具有农村和城市双重特征,是城市化进程中的历史产物,"城中有村,村里有城,村外现代化,村里脏乱差"是其特点,不利于城市整体规划和建设。北京城八区有这类"城中村"数百处,它已成为公共安全隐患的突出地区。这些关于生存环境问题的思考也是较为重要的研究课题。

1.2.3　建筑设计的内容及划分阶段

1.2.3.1　公共建筑设计的内容

在城市建设中,公共建筑居于比较重要的地位,因而它是一个社会性、艺术性及技术性等综合性很强的设计工作。公共建筑设计主要涉及如下几方面:总体规划布局、功能关系分析、体形空间组合、环境背景特色、结构形式选择及造型艺术创作等,还有自然景观、地域文化、民族传统、审美观点、规划要求、材料构造技术及新观念和新技术的运用等方面。如某高校的教学主楼建造时,首先需要进行总体规划布局,解决建筑与环境、城市的关系问题,然后在确定建设用地范围之后再进行单体设计,包括建筑单体的落位(注意分清楚几条线)、室外软硬质铺地、各种场地设计(包括停车场地)、场地出入口位置及数量、道路设计、景观小品、绿化设施、场地竖向设计、消防及防火设计等。

1.2.3.2 建筑设计的研究

建筑设计的研究主要分为城市规划设计和单体设计两方面。城市规划设计指导单体设计;单体设计作为载体出现,单体设计还指导装修;装修作为载体出现。

1.2.3.3 建筑设计的内容、工作步骤

(1)建筑设计的内容

建筑设计通常包括论证策划、方案设计、技术设计与施工图设计等。方案设计包括建筑内外空间的组合、环境与造型设计及细部的构造做法的技术设计。建筑设计是房屋设计的龙头,并与建筑结构、设备等工种相协调。结构设计包括结构选型、结构计算和结构布置与构件设计,保证建筑物的绝对安全。设备设计包括给水、排水、供热、通风、电气(强电、弱电)及燃气等,它是保证房屋正常使用及改善物理环境的重要设计。

(2)建筑设计的阶段划分

建筑设计分为三个主要步骤(即方案设计、技术设计和施工图设计等)、六个环节,见图1-9。此外,还包括会审会议、现场服务、验收及回访等环节。建筑师的工作包括参加建设项目的决策,编制各设计阶段的设计文件,配合施工并参与工程验收,其中最主要的工作是设计前的准备和各阶段的设计工作。

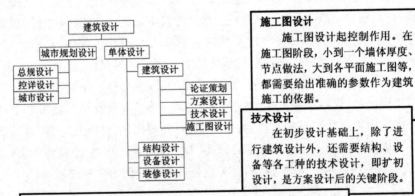

图1-9 建筑设计的划分阶段

1.3　建筑的分类、分级

在文明社会中,建筑不仅是人们遮蔽风雨、抵御寒暑、防止虫兽侵害而建造的赖以栖身的场所,同时也是人们从事各种社会活动的功能载体。

1.3.1　建筑的分类

按建筑的使用用途,可以把建筑分为生产性建筑和非生产性建筑两类。

1.3.1.1　生产性建筑

生产性建筑包括工业建筑及农业建筑,如粮仓是农业生产性建筑。

1.3.1.2　非生产性建筑

非生产性建筑即民用建筑,包括居住类建筑及公共建筑。居住类建筑是供人们居住、生活的建筑,如住宅、宿舍、公寓等。

在上述三大建筑类型中,公共建筑是人们进行各项社会活动的建筑,是人们日常生活和进行社会活动不可缺少的环境场所,其涵盖的社会内容是最丰富的,所包括的建筑类型也是最多的,通常可分为如下十六种:

①办公建筑:办公楼、写字楼等;

②教育建筑:教学楼、实验楼等;

③文化娱乐建筑:展览馆、图书馆、博物馆、影剧院、文化宫等;

④医疗保健建筑:医院、疗养院、休养所、福利院等;

⑤体育建筑:体育场、体育馆、游泳馆等;

⑥旅游建筑:宾馆、旅馆、招待所等;

⑦商业服务建筑:商场、商店、餐饮店等;

⑧交通运输建筑:客运站、航空站等;

⑨纪念性建筑:纪念馆、纪念碑等;

⑩邮电通信建筑:邮局、电信所、广播电视台、卫星地面站等;

⑪司法建筑:法院、监狱等;

⑫园林建筑:公园、动物园、植物园等;

⑬金融保险建筑:银行、保险公司等;

⑭市政公用设施建筑:公共厕所、消防站、燃气站、加油站等;

⑮综合类建筑:集多种功能为一体的建筑;

⑯其他类:如宗教建筑、古建筑等。

1.3.2　公共建筑与其他建筑的区别

在建筑设计中,工业建筑设计不同于民用建筑设计。工业建筑和民用建筑的设计依据有着极大的差异。

（1）民用建筑是生活建筑，古已有之，而工业建筑是供人们从事各类生产活动的建筑物和构筑物，是在工业革命之后才出现的。

（2）在民用建筑设计中，人是设计的依据，要根据建筑功能的要求来进行设计，满足使用者对房屋提出的要求，满足人的需求。如美国季风餐厅（图1-10）设计；工业建筑是为满足物质生产的需要而建造的，物质生产是设计的依据，工业建筑设计是根据工艺流程进行设计的且满足机器生产的需要。

图1-10 美国季风餐厅

美国季风餐厅不算高级餐厅，但却在美国大行其道，为什么这样？平等、自由、随心所欲是美国的国民性格，整个餐厅模仿"在家"的感觉，如到了家一样自由。没有压力，没有规矩，"随意"是美国人生活的核心。

（3）民用建筑对于金钱之外的东西考虑很多；工业建筑对于金钱之外的东西考虑很少。

（4）民用建筑是需求诱发形式，有一定的需求才有一定的建筑形式；工业建筑是技术产生形式，工业建筑较少考虑美学的要求，见图1-11～图1-13。

（5）工业建筑具有大型化、重型化的特点，是为工业生产服务的；民用建筑理性、传统和舒适，是给人做的，是为满足人们工作、生活的需求而设计建造的。

从上述工业建筑与民用建筑设计的比较可以看出，民用建筑师应该虚心向工业建筑师学习，在建筑设计的过程中要直达目的，做到主题明确、思路清晰。盖房子就是要讲目的、讲理性。

图 1-11　英国雷诺展示中心

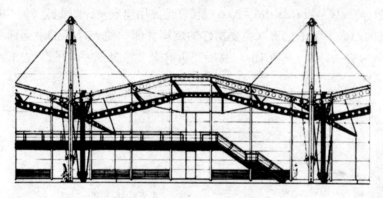

图 1-12　英国雷诺展示中心立面图

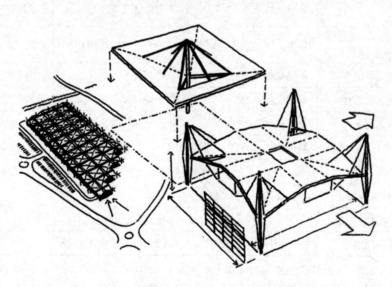

图 1-13　英国雷诺展示中心受力简图

1.3.3 建筑物的等级划分

1.3.3.1 按主体结构确定的建筑耐久年限划分

按民用建筑的主体结构确定的建筑耐久年限将建筑分为四级：

一级：耐久年限为 100 年以上,适用于重要的建筑和高层建筑(指 10 层以上住宅建筑、总高度超过 24 米的公共建筑及综合性建筑);

二级：耐久年限为 50～100 年,适用于一般建筑;

三级：耐久年限为 25～50 年,适用于次要建筑;

四级：耐久年限为 15 年以下,适用于临时性建筑。

1.3.3.2 按主体建筑的主要构件的耐久程度分级

《建筑设计防火规范》(GB50016－2006)及《高层民用建筑设计防火规范》(GB50045－95)规定:建筑物的耐火等级依据房屋主要构件的燃烧性能和耐火极限的不同而不同。多层建筑的耐火等级分为四级,见表 1－1,高层建筑的耐火等级分为二级,见表 1－2。

表 1－1　多层建筑物构件的燃烧性能和耐火极限

构件名称		耐火等级 一级	二级	三级	四级
墙	防火墙	非燃烧体4.00			
	承重墙、楼梯间墙、电梯井的墙	非燃烧体3.00	非燃烧体2.50		难燃烧体0.50
	非承重外墙、疏散走道两侧的隔墙	非燃烧体1.00	非燃烧体1.00	非燃烧体0.50	难燃烧体0.25
	房间隔墙	非燃烧体0.75	非燃烧体0.50		难燃烧体0.25
柱	支承多层的柱	非燃烧体3.00	非燃烧体2.50		难燃烧体0.50
	支承单层的柱	非燃烧体2.50	非燃烧体2.00		燃烧体
梁		非燃烧体2.00	非燃烧体1.50	非燃烧体1.00	难燃烧体0.50
楼板			非燃烧体1.00	非燃烧体0.50	难燃烧体0.25
屋顶的承重构件		非燃烧体1.50	非燃烧体0.50	燃烧体	燃烧体
疏散楼梯			非燃烧体1.00		
吊顶(包括吊顶搁栅)		非燃烧体0.25	难燃烧体0.25	难燃烧体0.15	—

注:①以木柱承重且以非燃烧材料作为墙体的建筑物,其耐火等级应按四级规定。②高层工业建筑的预制钢筋混凝土装配式结构,其节点缝隙或金属承重构件节点的外露部位,应做防火保护层,其耐火极限不应低于本表相应构件的规定。③二级耐火等级的建筑物吊顶,如采用非燃烧体时,其耐火极限不限。④在二级耐火等级的建筑中,面积不超过 100 m² 的房间隔墙,如执行本表的规定有困难时,可采用耐火极限不低于 0.30 h 的非燃烧体。⑤一、二级耐火等级民用建筑疏散走道两侧的隔墙,按本表规定执行有困难时,可采用 0.75 h 非燃烧体

表 1 - 2　高层建筑物构件的燃烧性能和耐火极限

燃烧性能和耐火极限(h) 构件名称 \ 耐火等级	一级	二级
防火墙	非燃烧体 3.00	非燃烧体 3.00
承重墙、楼梯间墙、电梯井墙和住宅单元墙	非燃烧体 2.00	非燃烧体 2.00
非承重外墙、疏散过道两侧的隔墙	非燃烧体 1.00	非燃烧体 1.00
房间隔墙	非燃烧体 0.75	非燃烧体 0.50
柱	非燃烧体 3.00	非燃烧体 2.50
梁	非燃烧体 2.00	非燃烧体 1.50
楼板、疏散楼梯、屋顶的承重构件	非燃烧体 1.50	非燃烧体 1.00
吊顶(包括吊顶搁栅)	非燃烧体 0.25	难燃烧体 0.25

1.3.3.3　按照建筑类型、工程特征等划分民用建筑工程设计等级(表 1-3)

表 1 - 3　民用建筑工程设计等级分类表

类型 \ 特征 \ 工程等级		特级	一级	二级	三级
一般公共建筑	单体建筑面积	80 000 m² 以上	20 000 m² 以上至 80 000 m²	5 000 m² 以上至 20 000 m²	5 000 m² 以下
	立项投资	两亿元以上	40 000 元以上至两亿元	1 000 万元以上至 4 000 万元	1 000 万元及以下
	建筑高度	100 m 以上	50 m 以上至 100 m	24 m 以上至 50 m	24 m 及以下(其中砌体建筑不得超过抗震规范高度限值要求)
住宅宿舍	层数	—	20 层以上	12 层以上至 20 层	12 层及以下(其中砌体建筑不得超过抗震规范层数限值要求)

续表

特 征 类 型	工程等级	特级	一级	二级	三级
住宅小区 工厂 生活区	总建筑面积	—	100 000 m² 以上	100 000 m² 及 以下	—
地下工程	地下空间 （总建筑面积）	50 000 m²以上	10 000 m²以上 至50 000 m²	—	—
	附建式人防 （防护等级）	—	四级及以上	—	—
特殊 公共 建筑	超限高层建筑 抗震要求	抗震设防区特 殊超限高层 建筑	抗震设防区建 筑高度 100 m 及以下的一般 超限高层建筑	—	—
	技术复杂，有 声、光、热、震 动、视线等特殊 要求	技术特别复杂	技术比较复杂	—	—
	重要性	国家级经济文 化、历史、涉外 等重要项目 工程	省级经济文 化、历史、涉外 等重要项目 工程	—	—

本章小结

　　本章重点介绍了建筑的基本知识,分别从"建筑"、"设计"角度解释了什么是建筑,什么是建筑设计,对建筑学以及它的发展历程进行了归纳总结,从不同角度对建筑进行分类和分级,重点比较了民用建筑和工业建筑的差异。

思考题

1. 如何理解建筑？如何建立一个全面的建筑观（或从哪几方面对建筑有一个较为全面的认识）？

2. 按建筑的使用用途，可以把建筑分为哪些类型？民用建筑分为哪些类型？

3. 简述工业建筑与民用建筑设计的依据有哪些不同。

4. 贝聿铭在卢浮宫扩建新馆的设计中准确地把握了哪几个问题？试着用其说明建筑设计工作的特性，即思想探索的先锋性与实际工作的滞后性和矛盾性。

5. 试举例说明民用建筑师要向工业建筑师学习，力求做到直达目的、主题明确、思路清晰。

6. 建筑的唯一性是否有改变的可能呢？

第2章 建筑的空间与组织

2.1 空间的认知与理解

2.1.1 关于空间的认知

2.1.1.1 空间的概念

空间是建筑的"灵魂",体现了虚、无、围、透的辩证关系。空间即实体围合而成的"空",也就是什么都没有。建筑着眼于空间,而不是围合的墙、地、顶及四壁等。空间是与实体相对的概念,是物质存在的一种形式,是物质在广延性和伸张性方面的表现。凡是实体以外的部分都是空间,它均匀或匀质地分布和弥散于实体之间,是无形的和不可见的,同时也是连续的和自由的,而建筑空间是一种特殊的自由空间,见图2-1。

我们可以认为一种空间是建筑空间,即用墙体、地面和顶棚等实体所限定和围合起来的空间;另一种空间可以通过"原型+变量"的方式来认识。自然空间理解为建筑空间

图2-1 空间是主角

老子在《道德经》上篇中认为:三十辐共一毂,当其无,有车之用。埏埴以为器,当其无,有器之用。凿户牖以为室,当其无,有室之用。故有之以为利,无之以为用。车子的作用在于载人运货,器皿的作用在于盛装物品,房屋的作用在于供人居住,这是车、皿、室给人的便利。车子毂中空虚的部分是"无",没有"无"车子就无法行驶,当然也就无法载人运货。器皿没有空虚的部分,即没有"无",就不能盛装东西。房屋也如此,四壁门窗之中空的地方可以使用、居住,这是房屋中空的地方发挥了作用。

的原型,而目的、属性和尺度则是建筑空间所必须具有的特征变量,包括对不同实用功能的满足(目的变量)、对不同文化和审美要求的联系(属性变量)以及对视觉效果的控制(尺寸变量)等。由此可见,第一种方法帮助人们获得一种一般意义上的几何空间,属于容积的概念;第二种方法则帮助人们获得一种特殊识别性的空间,属于领域的概念,即具有某种目的、某种属性和某种尺度的空间。人们对于空间的知觉和认识是基于上述这两种方法的结合的。换句话说,建筑空间就是观者的一种知觉空间。

2.1.1.2　空间的类型

空间有着各种不同的类型,如自然空间与建筑空间。在建筑空间这一层面上,又分为居住建筑空间与公共建筑空间等。在每一类型空间的层面上又分为目的空间和辅助空间。目的空间是具有单一功能的使用空间,如起居室、办公室、教室等;辅助空间可以是卫生间、贮藏间及为目的空间服务的一系列单元部分等,见表 2 - 1。

表 2 - 1　空间类型及其内容简表

空　间						
自然空间		建筑空间				
无组织的外部空间	有组织的外部空间	非公共建筑空间	公共建筑空间			
			辅助空间	目的空间		
一	城市街道广场	入口地带庭院广场	居住建筑空间工业建筑空间农业建筑空间等等	交通空间卫浴空间设备机房	A	B	C	D
					各种功能场所		

注:表中 A、B、C、D 等是指各种具有单一功能的使用空间

2.1.1.3　关于"建筑空间"的解释

关于建筑空间的概念论述不胜枚举。这里仅引述一些观点,有助于大家对建筑空间的概念有所了解。

(1)侯幼彬先生《建筑—空间与实体的对立统———建筑矛盾初探》

侯先生在《建筑—空间与实体的对立统———建筑矛盾初探》一文中对建筑矛盾问题进行了探讨,指出盖房子,人力物力都花在实体上,而真正使用的却是空间。所有的建筑,都是建筑空间与建筑实体的矛盾统一体。他还指出:人为的建筑空间的获得所采用的不外乎是"减法"(削减实体)与"加法"(增筑实体)这两种方式,在许多情况下是"加法"与"减法"并用。建筑实体提供了三种类型的建筑空间状况:①形成建筑内部空间,同时形成建筑外部空间;②只形成建筑内部空间,没有形成建筑外部空间;③只形成建筑外

部空间,没有形成建筑内部空间。

(2)赫曼·赫茨伯格(Herman Hertzberger)《建筑学教程2:空间与建筑师》

赫曼·赫茨伯格认为:建筑的空间(The space of Architecture)物质上,空间的塑造是通过它周围的东西及其内的物体被我们感知的,至少是当那儿有光时。当我们在建筑领域谈及空间时,大多数情况下我们意味着一个空间。一个物体的存在或缺失决定了我们涉及的是无限大的空间,还是一个更多或更少被包含的空间,或是存在于两者之间,既非无穷大亦非被包围。空间是被限定的,意义是明确的,也是由其外部和内部物体单独或共同决定的。空间意味着什么——对一些事物提供保护或使得某物可被接近。在某种意义上,它是特制的,从功能角度考虑它或许是变化的,但不是偶然性的。一个空间带有类似于目的性的东西,即使它有可能走到这一目的的对立面。那么我们可能将一个空间理解为一个目标而只不过是在相反意义上的:是一个负实体(a negative object)。

(3)日本《建筑大辞典》

日本《建筑大辞典》对建筑空间的释义:①由建筑物的墙体、顶棚、地板等所限定的空间。建筑所建造出来的,不是构成建筑物的"物",而是由这种"物"所构成的"空间",有时也仅仅只说"空间"。②以形成伴随着人的生活行为的空间意识作为目标所建造的空间的全部。考虑建筑空间的素材不仅仅是建筑物,还扩大到树木和岩石,等等。基于这些多样的空间的理解,产生了内部空间、外部空间、目的空间、多目的空间、功能空间、自由空间、装备空间、缓冲空间、骨骼空间、有机空间、无限定空间、虚拟空间和其他众多的新词语。

建筑空间有狭义和广义之分。建筑空间是指由建筑实体以及其他实体所构成的空间。建筑的本质是建筑空间。空间的类型分为内部空间、外部空间和内外部空间(即灰空间)。灰空间最早是由黑川纪章提出的。灰空间一方面指色彩,另一方面指介乎于室内外的过渡空间。大量利用的庭院、走廊等过渡空间,就一般人的理解,就是那种半室内与半室外、半封闭与半开敞、半私密与半公共的中介空间。这种特质空间在一定程度上抹去了建筑的内外部界限,使其成为了一个有机整体,空间的连贯性消除了内外部的隔阂,给人自然有机的整体感觉。

2.1.1.4 建筑空间的维度

(1)什么是建筑空间的维度

建筑空间作为一种立体的空间,显然具有长、宽、高三个维度,即具有长度维、宽度维、高度维。为了描述人在建筑空间中必须花费一定的时间才能展开生活行为,人们在建筑空间的维度上又加上了作为第四维度的时间维。为了更好地表述人在建筑空间中的行为和心理,有的学者又分别在建筑空间的维度上增加了作为第五维的行为维、第六维的心理维。也许,今后还可以再给建筑空间增加一些其他的维度,如社会维、文化维、技术维、生态维等等。建筑空间自身具有的三个维度再加上与其密切相关的影响因素和制约因素,这样就构成了建筑空间的诸多维度。

(2)建筑空间维度的分类

建筑空间的维度可以分为三类:

第一类是可见、可测的维度,如长度维、宽度维、高度维、行为维、技术维、生态维等;

第二类是可测但不可见的维度,如时间维、心理维;

第三类是不可见、不可测但可以感知的维度,如社会维、文化维等等。

2.1.2　对于空间的理解

2.1.2.1　对于空间的理解

空间,即虚、无、围、透的相互辩证关系。对于空间,每个人都有不同的认识与理解。哈尔滨工业大学白小鹏教授认为,空间的特征可以概括为器、合、溢、因和贾等方面。

(1)器

所谓器,就是容器、容量。水无常形,水是器皿的形状。建筑也如同器皿一样,关键是要有可以使用的内部虚空的部分。二者使用的都是内部空的部分,即实体围合而成的空的部分。因此,建筑更应该关注建筑内部的使用空间,而绝非表皮、实体,只要有空就对人有意义。建筑中最本质的东西是空间,空间是建筑设计的灵魂,见图2-2、2-3。

图2-2　绍兴青藤书屋　　　　　　　　图2-3　绍兴青藤书屋

青藤书屋属于"教育机构",为园林式民居建筑的典型代表,是明代著名书画家、诗人和戏曲家徐渭读书处。书屋分南北两室,临窗(大片的落地木格花窗)仅利用一眼清泉筑成方池。园之水体,其形式、景趣各异,但皆需有水之源头,此亦为选择园址的决定因素。水池反射天光,照亮屋顶天棚。从院子刮来的风,带着水的湿气,很凉爽,如同空调一样,起到给书屋加湿、降温的功效,使空间既不潮湿,又不阴冷。前院西侧粉墙衬以青藤,名"漱石阿",取"枕流漱石"之典故,使原本枯燥乏味的大面积粉墙有了自然的生气。天井之上,一半被浓郁的树冠遮掩,构成一种静与隐的意境。读书很枯燥,"树"、"石头"是两个道具,可以丰富读书人的大脑,蕴含着自然和生态的信息量。因院小,不求其广,而是求其深邃和宁静,一井、一凳、一门、一池、一藤。孩子不愿意念书,高高的围墙可以让其一心只读圣贤书,加之水池中又放上荷花和鱼,增加一些情趣。月亮门上虽无门扇,但是也不会有闲人进入,起到警示作用,不干扰读书人。环境清静,优雅不俗,人文气息强烈。

（2）合

所谓合，即与开相对，一体、闭合、合拢的理解可能比较恰当。在围护结构设计上，运用透、合的处理，可以加强对外的联络与隔绝的处理。建筑围护结构的围合下降，控制下降；围合上升，控制上升。控制边界是设计最简单的方法，例如墙、台阶，其边界的有效性受材料、施工技术的影响，如山西榆次常家大院前院、内院（图2-4～图2-5）的空间特点可以充分体现空间合的这一特点。

图2-4　山西榆次常家庄园前院之一

在明清时期，山西晋中一代是京城北上秦、陇等地的必经驿站，也是南下汾渭平原的关口驿道。为了防御北方游牧民族南下侵袭，历代常有重兵把守，屯兵卫所，修建了九边重镇。在这样的背景下，晋中商人的聚落也体现了当时社会观念、组织结构的特点，反映出理性和秩序的建造模式，严整有序便成为山西民居的固有模式。为防御外来侵扰，建造了各种寨堡，使得山西大院带有浓重的军事设防色彩，也能看到类似里坊的居住形态，具备了当时社会基本组织单位的特征。在晋中聚落中，山西榆次常家大院（也称常家庄园）是最具代表性之一。

常家大院位于晋中市榆次区西南东阳镇车辋村，距榆次17.5公里，分布着"南常"、"北常"等两处宅院。院落是东西窄、南北长的纵长方形庭院，布局贯穿尊卑有序、内外有别、等级分明的特征。一般沿着中轴方向由几进套院组成（一进到三进），通常以三合院、四合院为主，中间多为矮墙，以垂花门分隔。前院与内院以院墙分隔，外人可以进到前院，内院非请莫入。正房为长辈起居处，厢房为晚辈与妾的居所。

合院采用"三三制"形制，即正房、厢房、门房各三间，较大的宅院有五间。正房坐北朝南，通常采用两层楼阁形式。厢房等次要用房为木构单层单坡瓦顶，南房为倒座形式，大门一般位于东南角，对面有影壁。合院建筑外观封闭，内外空间的交汇点是宅门，宅门及院墙保持着空间的完整性、秩序性。

图 2-5　山西榆次常家庄园内院之一

山西榆次常家庄园内院及前院,其空间的控制边界设计得很成功。大院内院四周的围墙很高,封闭感很强,临街几乎见不到窗子,有将妻妾"藏"起来的感觉。内院中最重要的建筑是正房,位于院子北面,坐北朝南,是妻的居所,门前有半层高的台阶。厢房位于两侧,是妾或晚辈的居住空间,厢房前的台阶比正房前的台阶矮几步,建筑的形制也有所不同。从这一点可以看出,建筑语言可以对人起到警示作用,告诫地位上的尊卑与不平等。

（3）溢

若空间较为封闭,人工的要素较多,则要提供相反的东西,如"自然环境"的庭院;若空间开放,则要提供人工性很强的东西,如庭院围墙。空间溢的作用有好与坏之分,能给空间的参访者以联想、思考。就拿哈尔滨的老建筑来说,仅就西大直街附近就有很多栋,像 1902 年建的哈尔滨铁路局（原为中东铁路管理局办公楼）、哈尔滨铁路文化宫（建于1903 年,原为中东铁路俱乐部）、黑龙江省博物馆（建于 1906 年,原为莫斯科商场）、哈尔滨工业大学土木楼（建于 1906 年,原哈尔滨铁路技术学校）等。这些百年老建筑充斥着哈尔滨的主要街道及城市角落,构成了整个城市的基调,用百年沧桑来印证城市的发展、历史的变迁,这也是溢对城市空间的一种影响。

（4）因

所谓因,即借鉴。把外界环境适当地引进建筑,提升自身空间的魅力,如窗就具有这样的功能。在建筑设计中,窗的设置不能仅考虑因的功能,而且要注意开窗的方向。在寒地建筑设计时,大面积窗子的开启方向尽量要像花朵一样开向阳光。这样利用开窗不仅可以使空间吸收大量的阳光,还可以提高室内的热舒适度。另外,也需要把景观因素考虑进去,如苏州的园林,中间不栽树,这样可以看到远处墙外的塔。

（5）贾

所谓贾,即交换。看外面,与外界交换,外面的人与里面的人一定有交流。

2.1.2.2 空间的形式认知

（1）空间的形式概念

无论是一幢建筑物还是某个单一的建筑空间总是呈现出一定的形式，形式包含了事物内在诸要素的结构、组织和存在方式。空间是对称式还是非对称式，房间是封闭式还是开敞式的，等等，这意味着我们获得了最基本和最主要的空间特征。

（2）空间形式的属性

①形状

形状是空间主要可以辨认的特征之一，是人们认识和辨别空间形式的基本条件。立方体、圆锥体、球体和圆柱体等都构成了容易认知的基本形式，表现了普遍的和特殊的形态美。空间的形状是由物体的外轮廓或有限空间虚体的外边缘线或面所构成的。空间的形状越简单、越有规则就越容易使人感知和理解。

②尺度

人们在一种事物与另一种事物之间建立起一种对比和比较关系。这种比较关系包含相对尺度和绝对尺度两层含义。相对尺度是整体与局部之间的含义，建筑物的整体与局部之间相对关系所反映的尺度，如某市政厅大楼的大堂仅仅相当于住宅的入口，则会被认为是荒谬的；绝对尺度是指与常人尺度的关系。常人尺度（或称人体尺度）是人们在日常经验中以对该物体的熟悉尺度或常规尺度为标准而建立的尺度关系。人们较为熟悉的常规尺度，如家具、窗台高度、门的高度、楼梯的宽度、阳台栏板的高度等。人们用这些熟悉的常规尺度作为度量单位来认识和理解空间的大小、高低感受，并在这种比较后得出结论，如局促、紧张、压抑及空旷等，这些均来自于人体尺度的度量关系，这种度量关系反映了建筑物的绝对尺度。

③方位

空间的方位包括位置和朝向两个因素。方位是影响空间形状的重要性与含义的另一个重要因素。我们以基本型圆形为例来说明这个问题，圆形是一个集中性和内向性极强的形状，通常在它所处的环境中是稳定的和以自我为中心的。当人们考虑它的方位属性时，就会发现圆形处在一个场所的中心或边缘时，它的重要性和含义是不相同的，见图2-6。

④恒常性

如果我们知道那是什么物体，那么我们就会立刻知道或感知到该物体的大小、体积和意义及其他性质。对某种事物的熟悉程度越高，对其感知的恒常性就越大。关注恒常性不仅对于观者是重要的，而且对于设计者也是重要的。设计者所给予的一定是观者所能理解和接受的，所以设计师不能片面地强调设计者个人的特定趣味，不考虑观者的理解、认知能力

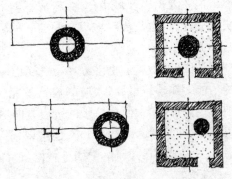

图2-6 位置与表情

及感受。

2.2　单一空间的限定和构成

空间是虚无的,人们对它的感知完全取决于物质实体材料对它的限定。单一空间的构成正是指一个特定空间的限定方式。

2.2.1　单一空间的构成要素

单一空间的构成要素最常见的是按照相位从形式空间的水平方向和垂直方向进行分类,即水平要素和垂直要素,主要指构成水平要素的顶面、基面,构成垂直要素的面和线等,它们共同组成了空间的物质界面三要素。

2.2.1.1　水平要素限定的空间

空间中一个简单区域可以由一个水平放置在地上的平面来限定,这个区域平面范围的限定是明确的,而高度界限则是含糊的。但是,仍不失具有空间的感觉,它可以使处在这个空间的人感受到某种程度的领域性。

在建筑设计中,常常通过对地表面或地板面上的明确表达,在一个大空间范围内划定出一个特定的空间地带。这种空间类型的划定可以用于区别路径和栖息活动的场所之间的不同;用来确定一个范围,在这个范围里建筑形体从地面升起;或者用来在单一房间的居住环境中明确表示出不同的功能分区。如餐厅设计,可以利用这种水平要素、垂直要素限定的方法来区分不同的功能区域,使空间的层次更加丰富。

2.2.1.2　垂直要素限定的空间

由垂直要素限定的空间可以形成两种典型的空间形态,见图 2-7,即实体形态的空间和虚体形态的空间。垂直形式要素从视觉上建立起一个空间的垂直限定,得到的空间构成往往更为强烈。垂直形体是限定空间体积及给人提供有效围合感的一种手段,它还可以用来支持建筑物的楼板和屋顶等构件,控制室内外空间环境之间的视觉和空间的连续性,还有助于调节、约束建筑室内空间的气流、光线和噪音等。

（1）垂直面要素——墙面

墙面是空间的一类垂直要素。在建筑设计中,尤其是在外立面设计方面需要注意门窗洞口的布置、墙面上比例的划分、材料色彩和质感的选择等问题。

门窗洞口的布置需要注意虚实关系和

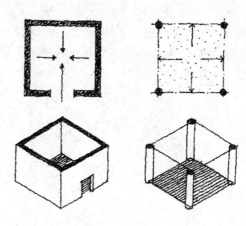

图 2-7　两种空间形态

一种是由面要素限定的空间,是实体形态的空间;另一种是由线要素限定的空间,是虚体形态的空间。

韵律关系。门、窗为虚,墙面为实,对门窗的组织实质上就是处理墙面的虚实关系。虚实对比是墙面处理成败的关键,要做到虚实相间,有主有次,尽量避免在一面墙上虚实各半。借助门窗洞口的重复及交错排列还可以产生一定的韵律美,这是墙面处理常用的手法。

在墙面上进行比例划分时,若墙面高宽比较小,应进行竖向的洞口布置以及线条划分;若墙面的高宽比较大,应进行横向的洞口布置及线条划分。

材料色彩和质感的选择要符合所围合空间的性质,不同使用功能的空间应选择适宜这种性质的色彩进行处理。完全封闭的空间,通过减少一个、两个或三个面可以相应地获得各种形态的空间,如"Γ"型空间、"═"型空间、"Π"面空间、"一"字型的独立墙面所限定的空间等,见图2-8。

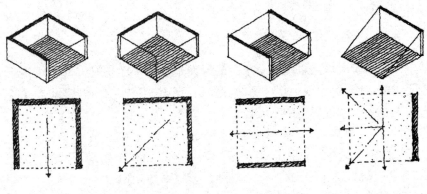

"Π"面空间　　"Γ"型空间　　"═"型空间　　"一"字型空间

图2-8　面要素的减少

（2）垂直线要素——柱子

列柱是空间的垂直要素,利用列柱来划分空间可以出现以下几种情况:一排列柱均等地划分或列柱偏于一侧;双排列柱三等分空间、两边大中间小及中间大两边小;还有一根或一组柱子限定空间的情况。在开敞的空间中,柱子数量增加,柱间距变小,面的感觉增强,空间封闭性增强。空间的封闭性与开敞性可以通过面要素减少及线要素增加(图2-9)、加法减法共同使用等方法实现。

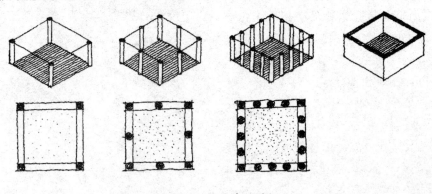

图2-9　线要素的增加

2.2.2 利用界面限定空间的方法

前面介绍过建筑空间的时间维即四维空间,它主要是空间的三维向度——长、宽、高之后的第四维,是空间中的时间参量,是人们在建筑空间行进时,随着时间的推移所感受到的景象使得到的体验不断变化。原空间是指人站在一个理想的水平地面上,向上空、四周延伸至无穷远而构成的半无限空间。空间的限定有凹凸、围合、设立、肌理、覆盖、架起等方式,见图2-10、图2-11、图2-12、图2-13、图2-14、图2-15a、图2-15b,此外,还有独柱、L 形墙、U 形墙等限定方式。

图 2-10 凹凸

凸起一个平台,也是一种空间限定的方法,凸起越高,限定越大。

图 2-11 围合

栏杆、篱笆等物质所形成的围合空间,仅仅是一种意识观念上的围合,它实际上是可以逾越的。

图 2 - 12   设立

空间以碑作为手段,使周围形成一个"场","场"就是由于碑的设立而产生的。

图 2 - 13   肌理

肌理是用地面上很特殊的颜色和花纹来限定空间。如石家庄某幼儿园从门厅到每个活动单元的地面都使用了不同颜色的条纹来获得空间上的有效限定。

图 2 – 14 覆盖

覆盖是在原空间上设置一个面积性物体,其下部便形成一个空间。垂直方向限定很强,水平方向限定很弱。

图 2 – 15a 架起

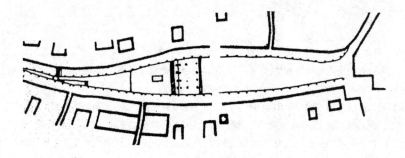

图 2 – 15b 架起

架起是把建筑空间架在天空上,是介于凸起和覆盖之间的又一种限定方式。如过街楼、人行天桥等,这种限定是对原空间的增值。

2.3　多个空间的组合

　　建筑空间的基本组合在设计中是一个很重要的问题,决定着设计的成败,大致可以将其归纳为三种情况:第一种情况——从量上沿着水平、垂直方向上简单、机械地累积;第二种情况——从生活方式、物质需求方面进行组合;第三种情况——从思维方式、伦理道德等方面限定空间的组合。如北京四合院(图2-16)就是多空间组合较好的情况,达到了建筑的空间组合、生活方式以及指导这种生活方式的思维方式等多方面的和谐统一。

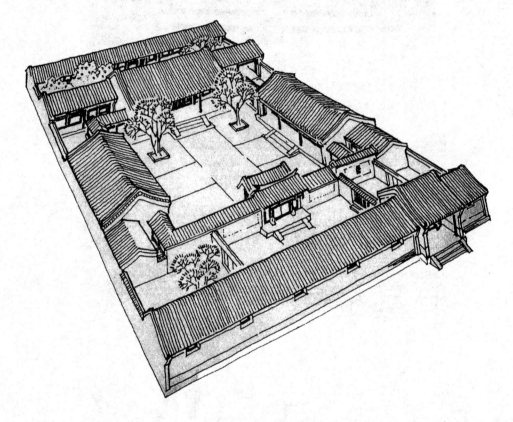

图 2-16　北京四合院

　　北京四合院不仅是对空间的简单重复、叠加,而且还运用尊卑地位关系限定其空间组合,达到生活方式、思维方式及空间组合三者完美的和谐统一,是一种空间组合的较好情况。

　　其建筑布局是以南北纵轴对称布置和封闭独立的院落为基本特征的,"四"是东西南北四面,"合"是合在一起形成一个口字形。按其规模大小,有一进院～五进院等。北京四合院坐北朝南,门辟于东南角"巽"位。进入宅门,迎面便是照壁,门房是给马夫及轿夫等用的;经过照壁,向西折为前院。前院几间房向北面开窗叫"倒座",是服务用房,多用作客房、男仆室、厨和厕等;往左则是管家的住院。由前院向北通过一座造型玲珑、华丽精致的垂花门,进入方阔的内院,有东西厢房、坐北朝南的正房。内院是真正的家庭生活的核心,是在家中最有权威、地位的家长的住所。内院是非请莫入的,否则就是非奸即盗。正房两侧有耳房,还有后罩房。北京四合院的空间形态是封建社会的产物,是由伦理、道德、意识形态所决定的。

2.3.1　空间的关系

公共建筑基本上都是由多个带有不同特性的空间组合而成的。进一步来讲,建筑的群体空间包含在建筑与建筑、建筑与城市之间。建筑空间同客观世界的一切事物和现象一样,不是偶然和混乱的堆积,而是有结构、有系统和有层次的,这些结构、系统、层次表明了建筑空间构成之间的基本规律。其基本空间关系有包容、接触、过渡、穿插等,见图2-17~图2-20。

2.3.1.1　包容

包容式空间系指一个空间可以封闭起来,并使一个空间包含另外一个小空间(图2-17)。两者之间很容易产生视觉及空间的连续性,但是"被包含"的小空间与室外空间的关系,则取决于封闭的大空间。这是一种"包容"的空间关系。在这种空间关系中,封闭的大空间是作为小空间的三度场所而存在的。

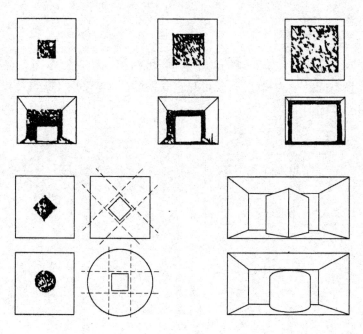

图2-17　包容

2.3.1.2　接触(或邻接)

邻接式空间系空间关系中最常见的形式(图2-18)。它允许各个空间根据各自的功能或者其象征意义的需要,清楚地加以划定。相邻空间之间的连续程度取决于那些将它们既分隔,又联系的面的特点。

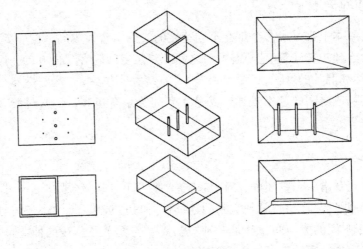

图 2 - 18　接触

2.3.1.3　过渡(或分离)

　　过渡式空间系指相隔一定距离的两个空间,可由第三个过渡空间来连接或联系(图2 - 19)。过渡性空间的形式和朝向,既可与它联系的两个空间不同,也可以完全一样,以此确定空间组合体的形式。

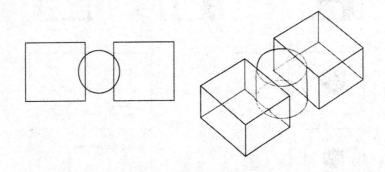

图 2 - 19　过渡

2.3.1.4　穿插(或相交)

　　穿插式空间系由两个空间构成,各空间的范围相互重叠形成一个公共空间地带。当两个空间以这种方式贯穿时,仍保持各自作为空间所具有的界限及完整性。但是对于两个穿插空间的最后定性,存在几种可能性:两个体积的穿插部分,可为各个空间共同享有;两个体积的穿插部分与其中一空间合并,则成为该空间的一部分;两个体积的穿插部分自成一体,则成为原来两空间之间的连接空间(图2 - 20)。

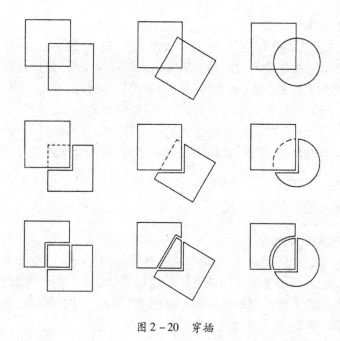

图 2 - 20　穿插

2.3.2　空间的组合规律

前文我们讨论的是建筑功能对单一空间所起的制约作用,然而仅仅使每一个房间分别适合于各自的功能要求,还不能保证整个建筑功能的合理性。对大多数建筑来讲,一般都是由许多单一空间组合而成的,各个空间彼此之间都不是相互孤立的,而是具有某种功能上的逻辑关系,这种联系直接影响到整个建筑的布局。我们在组织空间时应综合、全面地考虑各个独立空间之间的功能联系,并将其安排在最适宜的位置上,使之各得其所,这样才会形成合理的空间布局。此外,人在建筑空间中是一种动态因素,空间组合的方式应该使人在空间中的活动十分便利,也就是建筑的交通系统应该做到方便、快捷。每一类型的建筑由于其使用性质不同,因此空间组合形式也各有特色。

2.3.2.1　空间组合形式的定义及需求

(1)空间组合形式的定义

所谓“空间组合形式”是指若干独立空间以何种方式衔接在一起,使之形成一个连续、有序的有机整体。在建筑设计实践中,空间组合的形式是千变万化的,初看起来似乎很难分类总结,然而形式的变化最终总要反映建筑功能的联系特点。因此,我们可以从错综复杂的现象中概括出若干种具有典型意义的空间组合形式,以便在实践中加以把握和应用。

空间组合形式有很多种,其选择的依据主要包括:

一是要考虑建筑本身的设计要求,如功能分区、交通组织、采光通风及景观等;

二是要考虑建筑基地的外部条件,周围环境的不同直接会影响到空间组合形式上的选择。

（2）空间组合的需求

单一空间的主要功能只有一个，是一个细胞单元，是专用空间。群体空间是把多个独立空间纠合在一起，往往是多功能的。单体建筑既可以是单一空间，也可以是群体空间。另外，空间组合关系主要取决于功能关系，不是简单的、机械的几何叠加，而是有机组合。有机组合是活的，具有生长状态，其空间序列是合理的，是随着环境条件、功能需要等而不断延伸、发展的。空间的序列是空间组合的一部分，如门厅→楼梯→走廊→教室，这个空间序列是合理的；楼梯→门厅→走廊→教室，是不合理的空间序列。

有机组合必须有充分的理由来支持。

2.3.2.2 空间组合的基本形式

（1）平面空间的组合方式

公共建筑的室内空间组织实质上是根据人在建筑内部活动的流线所组成的空间序列。根据不同性质，公共建筑按其功能空间的使用部分、辅助部分及交通部分的组合方式进行空间组合，建筑平面空间的常用基本组合形式有集中式、长轴式、辐射式、组团式、网格式、混合式等（图 2 - 21 ~ 图 2 - 29）。

①集中式组合

集中式组合（图 2 - 21）（又称大厅式组合）是以一个聚中的中心母体空间（供人流集

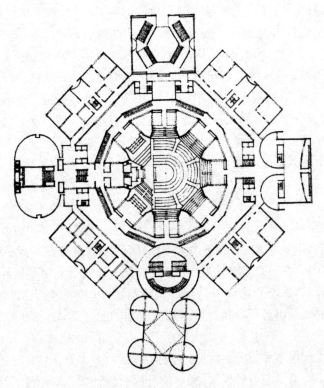

图 2 - 21　孟加拉国议会大厦平面图

散、交通联系、公共活动等用途)为主体来组织穿插起周围的若干次要辅助空间,并构成一个集中式的复合建筑空间形式。

集中式组合通常是一种稳定的向心式框架构图,它由一定数量的次要空间围绕一个大的占主导地位的中心空间构成,次要空间可以是相似或不同的单一空间。中心空间是行为、交通的中心,次要空间则起到辅助作用。

集中式组合的特点是处于中心的主导空间一般有相对规则、稳定的形状及足够大的空间体量以便使次要空间能够集结、依附在其周围,主体空间十分突出,主从关系异常分明;次要空间的功能、体量可以完全相同,也可以不同,以适应功能和环境的需要;集中式组合本身没有明确的方向性,其入口及引导部分多设于某个次要空间中,略有以自我为中心的性质,它们作为独立式的结构,从与它有关的事物中分离出来,统治空间中的一个点,或划定一个限定区域的中心,或相聚成轴线的组织。

集中式组合适用于具有人工照明、机械通风等较高标准的以大空间为主的建筑,如电影院、体育馆、歌剧院等。此外,菜市场、商场、大型火车站、航空港、西方古代的教堂等也可以采用。

②长轴式组合

长轴式组合(图2-22)是一系列空间按顺序排列相接的构成手法,为线形组合法,是一种序列式的空间框架。其特征如其名称那样强调长向,表达一种方向性、运动感及增长的概念。

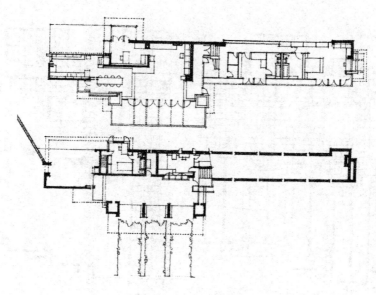

图 2-22　长轴式组合

其特点是对于线形组合体中每个局部空间体来说,其视觉特性可以是重复的,也可以是不重复的或部分重复的;作为线形组合体的排列方式可以是直线形(水平方向或垂直方向),也可以是折线形,还可以是曲线形(几何曲线或自由曲线),可以是规则的或不规则的;线形组合体表现为一种渐增的,因环境、场地而生长的,充满运动的,同时又是有序的形体。因此,这种组合体具有很大的灵活性,它可以适应各种不同的场地条件。

线形组合的连接方式可以是互相串联的,也可由一个单独的线形要素如道路、走廊来组织。若干规则或不规则的线形组合体按照一定的功能要求或场地条件组合相接,则可形成蔓藤式的多线组合,组合形体可以由一根主线统治,也可以是无中心无主次的,但必须是有序的。线形组合实质上就是一个空间系列。线形组合的特征是"长",表达了一种方向性。其类型主要有并联式、串联式。

a. 并联式

并联式是指具有相同功能性质和结构特征的空间单元以重复的方式并联在一起,互相串通、首尾相连,从而连接成整体所形成的空间组合方式。这种组合方式简便、快捷,适用于功能相对单一的建筑空间。如教室、宿舍、医院病房、旅馆客房、住宅、幼儿园等,这类空间的形态基本上是近似的,互相之间没有明确的主从关系及先后顺序,根据不同的使用要求可以相互连通,也可以不连通。

b. 串联式

串联式是指各组合空间由于功能或形式等方面的要求,空间之间先后次序明确、首尾相接、相互串联形成一个空间序列,呈线性排列,故此组合方式也称为"序列组合"或"线性组合"(图2-23)。通过一个独立空间才能到达下一个独立空间,这些空间可以逐个直接连接,也可以由一条联系纽带将各个分支连接起来。串联式适用于那些人们必须依次通过各部分空间的建筑,空间之间严格的先后顺序、使用顺序决定了空间的组合方式。因此,这种组合形式必然形成序列。

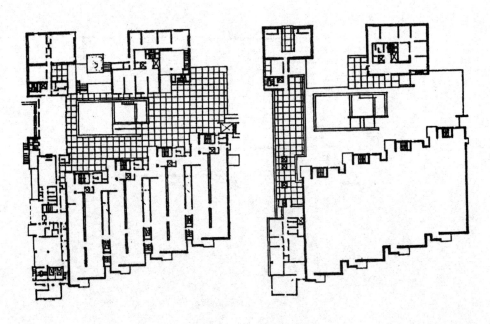

图2-23 串联式组合

其特点是连续性,不逆行交叉,流线不灵活,易拥挤等。较适用于分支较多,分支内部又较复杂的建筑如展览馆、纪念馆、陈列馆等。我国古代宫殿建筑群如北京故宫建筑群为了创造威严的气氛,设计了结构完整、高潮迭起的空间序列,也属于此种组合方式。

在串联式组合空间序列中,在功能上或象征方面有重要意义的空间,可以通过改变尺寸、形状等手法加以突出,也可以通过其所处的位置加以强调,如位于序列的首末、偏离线性组合或位于变化的转折处等。另外,高层建筑的空间组合方式也可归于串联式组合,由垂直交通中心将各层空间在竖直方向上串联在一起。有些书中介绍的穿套式组合也是这种组合方式,即当组成建筑的各房间要求有一定的连续性,要求有明确、简捷的流线时,常将房间按照一定的序列组织和连通,形成由一个空间到另一个空间的直接衔接和过渡。

并联式和串联式空间组合具有很强的适应性,可以配合各种场地情况,线形可直可曲,还可以转折,适用于功能要求不是很复杂的建筑。有些书中所介绍的走廊式组合(图2-24),就是长轴式组合中的并联式组合。所谓的走廊式组合是以一条专供交通联系用的狭长空间(走道)来连接各使用空间的建筑空间组合方式,如医院的病房部分、疗养院、学校、宿舍、旅馆等建筑。其设置条件是组成建筑的各个房间在功能上性质相近,各使用空间之间没有直接的连通关系,并与交通空间分开,保证安静、不受干扰,借走道来联系,走道可长可短,用它来连接房间可多可少;既要独立设置,又要有便捷的交通;适于分段、分层的功能分区方式;平面紧凑,交通空间面积较小,房屋进深大,节省用地,但是有一侧的朝向差,走廊较长时,采光、通风条件较差,需要开设高窗或设置过厅进行改善。

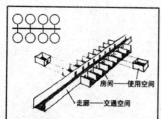

a.内廊式

定义:走道在中间,两侧布置房间。

特点:交通面积少、建筑进深大、平面紧凑、保温性较好;房间局部朝向较差,辅助房间设于较差一侧;内走廊采光不足,比较适合北方,能够做到保温、节约土地。

b.外廊式

定义:走道位于一侧。

特点:几乎全部房间均有较好条件,也无走廊采光不足的问题;较适合气候温暖、炎热的南方地区,能较好地解决夏季通风、散热问题;存在走廊较长、交通面积较大、建筑进深较小等缺点。

c.复廊式

定义:房间沿着两条中间走道呈三列或四列布置,这种房间类似轮船的客舱,走道外侧布置主要房间,两条走道之间布置辅助房间和交通枢纽,并采用人工照明和机械通风。

特点:建筑进深大,结构有利,布局紧凑、集中,节约用地,适用于高层办公楼、旅馆、医疗建筑。

图2-24　走廊式组合

③辐射式组合

辐射式组合是把线形体以放射的方式从一个聚中放置的核心元素向外伸展构成建筑空间的手法(图2-25、图2-26)。这种空间组合方式兼有集中式和串联式的空间特征,辐射形体由聚中和线形两种元素构成。

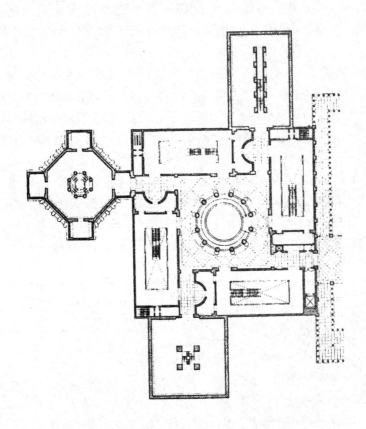

图2-25　辐射式组合(台湾史前文化博物馆)

图2-26　某机场候机楼的辐射式布局

辐射式空间由一个中心空间和若干呈辐射状扩展的串联空间组合而成,通过线形的分支向外伸展,与周围环境紧密结合。这些辐射状分支空间的功能、形态、结构可以相同,也可不同,长度可长可短,以适应不同的基地环境变化。当建筑空间有一定的连续性的功能要求和明确简洁的流线要求时,常借助这种组合方式将房间按照一定序列组织和连通,形成由一个空间到另一个空间的直接衔接与过渡。常用于山地旅馆、大型办公群体等。另外,设计中常用的"风车式"组合也属于辐射式组合的一种变体。

辐射式组合与集中式组合形体的内向性不同。辐射式组合总体上是一个向外与其周围发生关系的放射性外向组合。其中心空间一般是规则的,伸出的线形手臂的长度可因它们的功能关系或场地要求而异。通过手臂与中心连接体位置、方向上的变化,产生各种不同的空间形态,但总是保持整个形体处于静态或动态的均衡。若干放射形体互相关联则可发展成一个网络。正如集中式组合一样,辐射式组合的中央空间一般也是规则的形式。以中央空间为核心的线式臂膀,可在形式、长度方面相同,并保持整体组合的规则性。

④组团式组合

组团式组合(图2－27)通过紧密连接使各个空间之间互相联系,通常由性质相同、关系密切的重复出现的空间构成相对独立的部分——组团,然后再由这些组团进一步通过交通联系空间组合成建筑的各个使用空间或建筑群体的方式。有些书中介绍的单元式组合也是组团式组合的一种形式,以垂直交通空间连接各使用空间。单元式组合(即把建筑中性质相同、关系紧密的空间组成相对独立的部分,即若干个单元,用交通空间将各个单元联系在一起,形成单元式组合)是组团式组合中的一种形式。单元内部功能相近或联系紧密,单元之间关系松散,具有共同的或相近的形态特征。单元之间的组合方式可以采用某种几何概念,如对称或交错等,这种组合方式常用于度假村、疗养院、托幼建筑、医院、文化馆、图书馆、学生宿舍等建筑,作为空间组合的手段,使空间之间建立一定的联系。由于组团式组合的图案并不来源于某个固定的几何概念,因此它灵活可变,可随时增加和变换而不影响其特点。

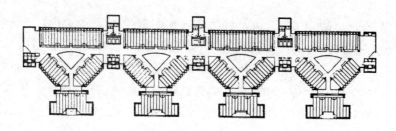

图 2－27　组团式组合

组团式组合的建筑空间不同于集中式,它以强烈的几何基础作为形体的秩序,因而缺乏集中式组合的内向性、紧密性和几何规则性,所以它可以灵活地把各种形状、尺寸的形体组织在它的结构中,并易于接受生长和变化而不影响它的特性。组织一个集群的建筑空间可以有母体聚集式、线形串集式、重复群集式等形式。

⑤网格式组合

　　网格式组合(图2-28)的特点是这种网格一般是通过结构体系的梁柱来建立的,由于网格具有重复的空间模数的特性,因而可以增加、削减或层叠,而网格的同一性保持不变;按照这种方式组合的空间具有规则性和连续性的特点,而且结构标准化,构件种类少,受力均匀,建筑空间的轮廓规整而又富于变化,组合容量大、适应性强,被各类建筑广泛使用。在一个建筑设计中,使建筑空间的所有部分符合同一种比率,以此来统一复杂多样的各个部分。在一个组合体的各部分之间、部分与整体之间、内部与外部之间建立一套有秩序的视觉联系,也可以在一个空间秩序中提供一种秩序感和连续性,从而为建筑造型提供一种理性的美。

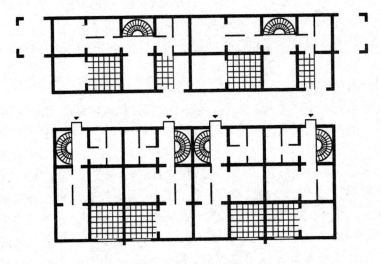

图2-28　网格式组合

网格式组合(又称模数式组合)是将建筑的功能空间按照二维或三维的网格
作为模数单元来进行组织和联系,是利用尺寸的基本数字或比率单位,平面基本
几何图案,或是空间及立体的基本单元作为模数来组合建筑空间的构成手法。

　　模数式组合可以有如下方式:以某种数字或比率单位为模数组织建筑空间,如黄金比,希腊、罗马的古典柱式,中国古代建筑之"材分制度"和"间"都是典型的组织建筑空间的模数;以某种基本几何图形为模数组织建筑空间,也称为"几何母题法";以某种空间或形体的基本单元(即单元体)为模数组织建筑空间。此外,庭院式组合是以庭院为中心,在其周围布置各类房间的平面组合方式。庭院具有多种功能,可以缓冲人流,且可以起到室内外空间之间相互衬托、渗透、谐调、丰富、延伸等作用,如展览、医疗、旅馆建筑及对环境要求较高的公共建筑经常采用庭院式组合。另外,轴线对位组合是由轴线对空间进行定位,并通过轴线将各个空间有效地组织起来。轴线对位组合虽然不一定有明确的几何形式,但一切均由轴线控制,空间关系清晰有序。一个建筑中的轴线可以有一条或多条,多条轴线之间有主次之分,层次分明。轴线可以起到引导行为的作用,使空间序列更有秩序,在空间视觉效果上也呈现出连续的景观线,有时轴线还往往被赋予某种文化内涵,使空间的艺术性得以增强。

（2）平面空间组合的原则

本节所列举的建筑物的空间排列和组合的基本方法,在典型的建筑设计中,不同的空间通常有不同的要求。

空间的布置方式,可以清楚表明建筑物的相对重要性以及功能等方面的作用。在具体情况下,组合的形式取决于建筑设计的要求(例如功能的估计、量度的需要),空间等级区分、交通、采光或景观的要求等。根据建筑场地的外部条件,可能会限制或增加组合的形式,并促使建筑组合对场地的特点进行取舍。

以上阐明了不同性质的建筑,由于功能特点不同,人流活动情况不同,必然要求与之相适应的空间形式,即建筑空间组合形式必须适合于建筑的功能要求。有些建筑由于功能较为复杂,用一种方法往往解决不了空间组合的问题,必须综合地采用两种、三种或更多种类型的空间组合形式,只不过以某一种类型为主而已。所以,综合上述的两种或两种以上的空间组合方法,形成混合式组合。旅馆建筑的客房部分适用于走廊式空间组合形式,但公共活动部分则适用于套间式或大厅式空间组合形式。如中日青年交流中心(图 2－29)的空间组合方式就是混合式组合。

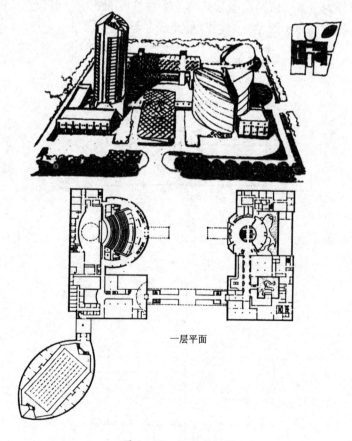

一层平面

图 2－29　混合式组合

中日青年交流中心由一系列具有文化内涵和象征性的作品单元构成:新芽状的剧场寓意青年是未来的希望,有无限的生命力;芦笋状的宾馆隐喻青年刚直坦率、热情向上的性格;橄榄状的游泳馆表达中日两国人民爱好和平的美好愿望;连接东西的"友好之桥"喻示两国青年的友好交往。

2.3.2.3 剖面空间的基本形式

建筑剖面的设计是在平面组合设计的基础上进行的,进一步反映了建筑内部垂直方向的空间关系。只有不断地对平面与剖面进行推敲与组合,才能保持整个空间构思的完整性。

(1)单层组合

单层组合形成单层建筑,但各部分因功能要求不同可以有不同的高度。单层组合主要应用在下列四种情况:

①人流、货流量大,如农贸市场、库房等;

②对外联系密切的建筑,如学生就餐中心等;

③需要利用屋顶采光、通风的建筑,如多跨单层厂房等;

④农村、山区或用地不紧张的建筑,如山区住宅等。

(2)低层、多层和高层组合

①叠加式组合

叠加式组合分为上下对应竖向叠加式和上下错位叠加式两种组合方式(图2-30、图2-31)。其主要特点是体形简洁、结构简单、施工方便、造价经济。

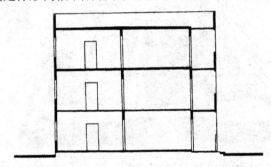

图2-30 上下对应竖向叠加式组合

上下对应竖向叠加式组合——建筑的各层都只有一种层高,竖向叠加时,承重墙、楼梯间、卫生间等上下对齐。

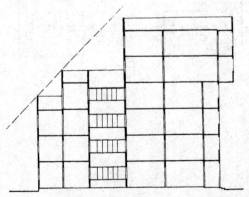

图2-31 上下错位叠加式组合

上下错位叠加式组合——各层平面不相同的竖向组合。

②错层式组合

错层式组合(图 2 - 32)的特点是适应不同房间对层高的要求,结构复杂,抗震能力较弱。

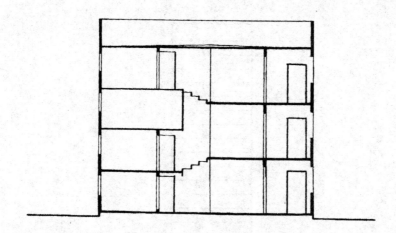

图 2 - 32　错层式组合

错层式组合——建筑在同一层有不同层高,部分楼板需要上下错开。

③夹层式组合

夹层式组合(图 2 - 33)的特点是可以充分利用空间形成高低对比,增加艺术表现力。

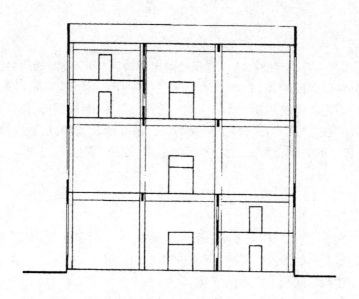

图 2 - 33　夹层式组合

夹层式组合——是将高度较小的使用空间竖向叠加,围合在一个高大的主体空间的四周或一隅。

④跃层式组合

跃层式组合(图2-34)节省了公共交通面积,提高了电梯运行速度,并为每户住宅创造了更优越的居住环境,但缺点是造价较高。

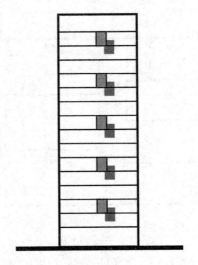

图2-34 跃层式组合

跃层式组合——主要是在高层建筑中采用,建筑内部每隔一至两层设置一条公共走道,电梯也只在有公共走道的一层停靠。每户住宅占有两到三层空间,内部用一小楼梯上下联系。

本章小结

本章包括空间的认知与理解、单一空间的限定和构成、多个空间的组合三部分内容。空间的认知部分涉及空间的类型、空间的维度、空间的形式认知、空间形式的属性等问题。单一空间的限定和构成部分涉及单一空间的构成要素、利用凹凸、围合、设立、肌理、覆盖、架起等手法限定建筑空间。多个空间的组合部分涉及包容、接触、过渡、穿插的基本空间关系,平面空间的组合方式,剖面空间的基本形式等问题。

思考题

1. 从山西榆次常家庄园、绍兴青藤书屋等实例中,谈一谈你对空间的认识与理解。

2. 什么是建筑空间的维度? 简述建筑空间维度的分类。

3. 谈谈你对建筑空间基本构成的理解。

4. 从建筑空间理论试举例什么样的建筑可以称作是真正的建筑?

5. 为什么作为建筑师要了解业主的心理空间,并且要用一生的职业生涯来超越?

6. 绘图并说明公共建筑的平面空间的基本组合方式、特点。

7. 绘图并说明公共建筑的剖面空间的基本组合方式、特点。

第 3 章　建筑的功能分析与组织

两千多年前古罗马著名的建筑理论家维特鲁威在《建筑十书》中提出了适用、坚固、美观是建筑的三要素,其中"适用"指的就是建筑的功能。功能主义建筑的先驱者之一、美国芝加哥学派的建筑师 L. H. 沙利文在 19 世纪 80—90 年代提出了"形式追随功能"(form follows function)的观点,"建筑设计应该由内而外,必须反映建筑形式与使用功能的一致性"。可以说,功能的组织和设计是建筑设计的核心内容之一。勒·柯布西耶等现代主义建筑的代表人物也强调满足功能要求是建筑设计的首要任务。

实际上,建筑功能确实与建筑形态有着密切的关系,它是制约和决定建筑形态的重要因素之一。建筑功能常成为建筑设计的出发点。因此,从建筑形态上可以看出建筑功能的一些特征。但是,必须认识到建筑功能绝不是制约建筑形态的唯一决定因素,有的建筑具有与建筑功能关系不大或根本毫无关系的形态。

抓住建筑的主要功能,使建筑适当地满足人们对其使用功能和精神功能方面的需求,是建筑师进行建筑设计工作的主要内容之一。

3.1　建筑的功能问题

3.1.1　关于功能的基本认识

什么是功能?房屋的使用目的和要求即功能。人们盖房子总是要有具体的目的和使用要求,这在建筑中就是功能。建造房屋直接和主要动因在于对空间的需求,业主和使用者对建筑空间的使用方式和需求反映在建筑师的设计活动中就是建筑设计的功能问题。建筑功能是建筑及其各空间组成部分的用途,是建筑的用途和价值。

建筑功能是建筑的三要素之一,也是划分建筑类型的依据之一。功能是建筑物建造目的的外化和具体化,是建筑形式和发展的决定性因素,它从建筑内部决定着建筑空间布局及其形体特征。任何建筑都是为实现一定的功能而设计和建造的。不存在没有功能的建筑。具有建筑功能,以建筑功能来满足人们的各种需求,是建筑被设计、建造、存在下去的根本理由。在公共建筑的功能问题中,功能分区、人流疏散、空间组织与室外环境的联系等是几个比较重要的核心问题,另外,还包括空间的大小、形状、朝向、采光、通风、日照、照明、供热等。

不同类型的建筑具有不同的功能,人的行为及行为与空间环境之间的相互作用总是存在着某种规律性,依据这些规律,就可以找到建筑功能的共性特征及其相应的设计对策和方法。

3.1.2 建筑功能的类型

3.1.2.1 建筑功能的类型

建筑功能可以分为两类:一类是使用功能,另一类是精神功能。从广义上讲,建筑功能还包括环境功能、社会功能等。

(1)使用功能

建筑的使用功能又被称为物质功能或实用功能,是对人的物质要求的满足。有些建筑类型侧重使用功能,如住宅、医院、办公楼、商业建筑、工业建筑等。

建筑最基本的功能莫过于居住,而最早的建筑亦是从居住建筑发展起来的。不光人类会建造房屋,动物也会建造"房子",两者的差异是:人建造居所是通过思维和意识的,而动物却是本能的。

建筑是通过物质材料、技术设备手段等构筑成的供人们生活、居住、工作、社交的场所,其最基本的功能是居住和使用,满足人的基本物质要求。

(2)精神功能

有些建筑类型侧重精神功能,如纪念建筑(包括纪念碑、纪念塔、纪念堂等)、宗教建筑(包括教堂、佛寺、佛塔等),即满足精神及审美情趣的需求,包括气氛的烘托、情绪的创造与精神的鼓舞。

精神功能是以"感觉"或"情感"为尺度的,它和环境心理有着密切的联系,注重微观的联系,特别是个性化的具体体验,从而拓宽了功能的领域,使抽象化的功能注入了丰富的情感,变得富有人情味并显得饱满。现代主义建筑的基础受抽象主义绘画的影响,其哲学基础是科学主义的盛行,人民崇尚纯而又纯的东西,加之二战这一特殊历史事件的冲击,使得"纯净化"得以广泛流传;另一方面,现代主义建筑在传入中国的过程中,有着自己的"误读"。作为对现代主义建筑的新探索,勒·柯布西耶的"朗香教堂"是"精神功能"的代表之作。在教堂建筑中,我们可以提到的又一作品是安藤忠雄的光之教堂、风之教堂和水之教堂(图3－1、图3－2、图3－3)。安藤忠雄的设计风格为极简主义,其设计理念内含对简单形式,特别是几何形体的喜好,反对装饰及虚伪,希望以简单的几何形来表达日本人的精神生活。在纪念性建筑设计当中会更多地表现、追求某些精神上、情感上的慰藉,有时将使用功能退居到第二位来考虑,可能某些空间、造型并没有实际的使用意义。如在汶川大地震都江堰纪念馆方案的设计中(图3－4a、图3－4b、图3－4c),设计者的设计思路主要是一些情感上的表达。

(3)社会功能

建筑为社会提供什么? 即建筑的社会功能。建筑是人类在其中生息休养、发展壮大的场所,我们常说建筑是社会生活的总载体。人类聚居的现实生活世界,总是没有理论设计那么完美,但人类在不同的历史时期都一样力图用完美的聚居形式表达对理想生活的追求,追求某种理想生活和社会秩序,如勒·柯布西耶设计的马赛公寓(图3－5)及西安半坡遗址的内聚式环形向心布置(图3－6)等。

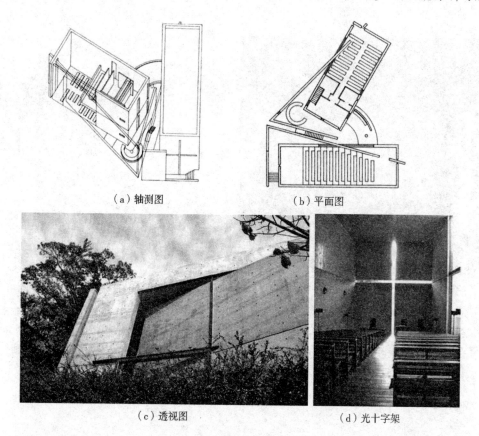

（a）轴测图　　　　　　　（b）平面图

（c）透视图　　　　　　　（d）光十字架

图 3-1　光之教堂

光之教堂采取了一种简洁的长方形平面。整个建筑的重点集中在圣坛后面的十字架上，它是从混凝土墙上切出的一个十字形开口，只因为有光的存在，这个十字架才真正有意义。教堂内部的光线是定向性的，不同于廊道中均匀分布的光线。在教堂中，安藤忠雄创造了绝对的黑暗空间，阳光从墙体上留出的垂直和水平方向的开口渗透进来，形成著名的"光十字架"，形成抽象、纯粹和诚实的空间，达到了对神性的完全臣服。

图 3-2　水之教堂

水之教堂，有一种沉静、宁静之感。教堂地处北海道著名的滑雪胜地 Tomamu，在这样的视景中，天穹下矗立着四个独立的十字架。整个空间充溢着自然的光线，使人感受到宗教礼仪的肃穆。水池中间是一个十字架，一条简单的线分开了天和地、世俗和神明。教堂面向水池的玻璃是可以整个开启的，人们可以直接与自然接触，倾听树叶的沙沙声、水波的声响和鸟儿的鸣唱，天籁之声使整个场所显得更加寂静。

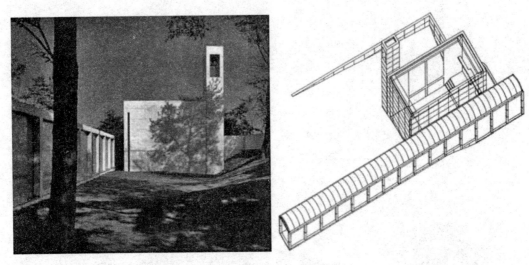

图 3-3 风之教堂

风之教堂又名神户六甲山教堂，其坐落在海拔 800 米的临海峭壁上，俯瞰大海。出于对地形的考虑，教堂呈"凹"字形，包括正厅、钟塔、"风之长廊"及围墙等，穿过狭窄的楼梯、灰暗的走廊及半日式的园林，一面是矮墙，另一面是灌木。教堂入口前面的花园只有草坪，从入口进入"风之长廊"，连廊为直筒形，尽端意外地径直通向峭壁与海，而尽头右侧门以一种非常隐晦的方式连接着教堂的主厅——大气连通手法，用钢结构分割模拟柱廊效果、磨砂玻璃形成半封闭空间及因地势原因引起的落差，拉长了时空的距离，模糊尺度感。海风贯穿，沁人心脾，"风之教堂"由此得名。

图 3-4a 汶川大地震都江堰纪念馆方案的南立面

图 3-4b 汶川大地震都江堰纪念馆方案的西立面

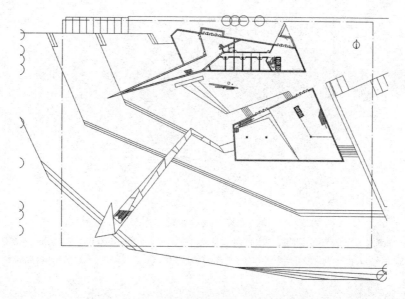

图 3 - 4c　汶川大地震都江堰纪念馆方案的平面图

图 3 - 5　马赛公寓

　　马赛公寓给出的是不是城市发展需要的一种良好机制的模型？二战后,法国面临严重的住房短缺,因此,勒·柯布西耶探索集体住宅的设计问题,于 1946 年,在马赛市郊设计一座容纳 337 户共 1 600 人的大型公寓住宅——马赛公寓。该公寓共 17 层,其中 7、8 层为商店及公用设施,包括面包房、副食品店、餐馆、邮电所和健身运动的场所。这座大楼不仅解决了 300 多户人家的住房问题,而且还满足了他们日常生活的基本需要。勒·柯布西耶认为这种带有服务设施的居住大楼应该是组成现代城市的一种基本单位。

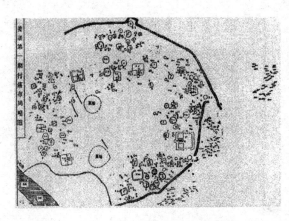

图 3 – 6　西安半坡遗址的内聚式环形向心布置

　　西安半坡遗址是黄河流域典型的新石器时期仰韶文化聚落遗址,距今 5600—6700 年。整个遗址包括居住区、壕堑、墓葬区等。建筑呈环形向心布置,房屋开向中间的大房子,充分体现了氏族社会以血缘关系为纽带的聚居形式。

(4)环境功能

　　建筑以环境为衬托才完整,只有融入环境中才能完整地诠释建筑。建筑是环境的组成部分之一,环境应具有科学、技术、艺术的内涵。室内外空间环境应该是相互联系、相互延伸、相互渗透、相互补充的关系,使之构成一个统一而又和谐完整的空间体系。如赖特设计的流水别墅(图 3 – 7)就可以充分地体现出环境功能的设计效果。

图 3 – 7　流水别墅

　　流水别墅由著名建筑大师 F. L. 赖特设计,别墅共分 3 层,面积约 380 m² ,以 2 层(主入口层)的起居室为中心,其余房间向左、右铺展开。别墅外形强调块体组合,使建筑带有明显的雕塑感。2 层巨大的平台高低错落,1 层平台向左、向右延伸,2 层平台向前方挑出,几片高耸的片石墙交错着插在平台之间很有力度。溪水由平台下怡然流出,建筑与溪水、山石、树木自然地结合在一起,像是由地下生长出来似的。别墅室内空间自由延伸,相互穿插;内外空间互相交融,浑然一体。在空间处理、体量组合及与环境结合上均取得了极大的成功,为有机建筑理论做了确切注释。

3.1.2.2　建筑功能与建筑的类型性特征

有些建筑类型使用功能和精神功能并重,如历届奥林匹克运动会主办国的主体育场、北京人民大会堂等。在建筑功能中,使用功能和精神功能所占比重的大小,一般因建筑类型的不同会有所不同;但即使是同一建筑类型,有时也可能因具体情况的不同而有所不同,见图 3 - 8。

图 3 - 8　德国慕尼黑奥运主体育场馆

1972 年建成的德国慕尼黑奥运主体育场馆是奥运会主要比赛场馆。建在奥林匹克公园内,主体育场是众多场馆中最为醒目的标志性建筑,由斯图加特建筑师拜尼施设计,他是受到 1967 年蒙特利尔世界博览会德国馆的一个帐篷式结构的启发。该建筑的新颖之处是半透明帐篷形顶棚,覆盖面积达 85 000 m²,可使数万名观众避受日晒雨淋,总造价一亿七千万马克。顶棚呈圆锥形,由网索钢缆组成,每一网格为 75 cm×75 cm,网索顶棚镶嵌浅灰棕色丙烯塑料玻璃,用氟丁橡胶卡将玻璃卡在铝框中,使覆盖部分内光线充足且柔和。该馆包容在连绵的帐篷式悬空顶棚之下,以横空出世的气势将体育场馆与自然景观融为一体,为激烈的比赛带来了大自然的温馨。拜尼施本人也因此而跻身世界著名建筑师行列。整个建筑群在世界建筑史上堪称杰作,成为慕尼黑市现代建筑的代表。

3.2　单一空间的设计

房间是组成建筑的最基本单位,通常是以单一空间的形式出现的,如厅、堂、室等。不同性质的单一空间,由于功能使用要求不同而保持各自独特的形式。人们在物理和心理上能够感知的是单一空间的体量、形状和质量等,即空间特征。通过这些空间特征使单一空间区别于另一房间。因功能要求而导致的空间形式上的差异主要表现在大小、形状、门窗、朝向等方面。如居室不同于教室、车间不同于观众厅等。

若理解了单一空间的功能问题,就能抓住建筑功能的基本要素,掌握建筑功能的基础是建筑功能问题的重要方面,应在设计时综合考虑、统筹解决。从空间的使用性质及要点,单一空间的大小、形状、质量,单一空间的朝向、采光和通风,室内布置与陈设等方面进行逐一的探讨。

3.2.1 单一空间的平面大小

单一空间由水平、垂直要素限定完成,就有了一定的大小和容量。单一空间的大小和容量是由内部活动的特点、使用人数的多少、家具设备、房间内部的交通面积等因素决定的。单一体量可以量化为长、宽、高的尺度,或者以其容积来定量。在一般情况下,这种体量的大小是随着其使用功能而变化的。一个需要满足大型聚会的空间自然会比一个普通居室要大得多。但是,也有一些空间由于追求某种精神需求而变化其体量。

3.2.1.1 单一空间的面积组成

单一空间的面积由人在室内的使用及活动所占的面积(包括使用家具和设备时近旁所需的面积)、房间内家具和设备所占的面积、交通面积三部分组成。

3.2.1.2 影响单一空间平面尺寸的因素

影响单一空间平面尺寸的因素包括:使用特点与平面尺寸,结构类型与平面尺寸,家具布置与平面尺寸,房间比例与平面尺寸,日照、采光与平面尺寸等。

(1)使用特点与平面尺寸

设计工作一开始,首先就要确定房间的面积。房间的使用特点是确定面积的重要标准。根据功能需要,一个空间要满足基本的人体尺度和达到一种理想的舒适程度,其面积和空间容量应当有一个比较适当的上限和下限,在设计中一般不要超过这个限度。

在住宅设计中,一幢住宅其居室面积为了满足起码的生活起居要求或达到理想的舒适程度,其面积和空间容量应当有一个较适当的上限和下限。一间普通的居室面积大约在 $15 \sim 20 \mathrm{m}^2$,起居室是家庭成员最为集中的地方,而且活动内容也较多,因此面积应最大,餐厅虽然人员相对集中,但由于只在进餐时使用,所以面积可以比起居室小,厨房通常只有少数人员同时使用,卫生间则更是如此,因而只要容纳必要的设备,少量活动空间即可满足需求,不同的使用功能直接决定了所在空间的大小及容量。

特别是对于以标准间为模数进行平面组合时,更应重视对单个房间的研究。如教室、幼儿园的班级活动单元、旅馆客房等,这些单个房间的平面完善与否直接关系到建筑整体设计的质量。在规范中已经给出了各类房间的面积定额,如中学每生建筑面积 $8.1 \sim 9.2 \mathrm{m}^2$,可依据这些面积定额来确定空间的大小。

(2)使用特点与面积的关系

以教室为例,一间教室要容纳一个班(50 人)的学生的教学活动,至少要安排 50 张桌椅,桌椅近旁要有必要的使用活动面积,此外还要保留入座、离座时通行的最小宽度及教师讲课时在黑板前活动的面积等。这样教室至少需要 $50 \mathrm{m}^2$,意味着比 $15 \sim 20 \mathrm{m}^2$ 的居室面积大 3 倍。

　　再如影剧院,其空间容量要求更大。其容纳观众席位的多少决定了观众厅面积的大小,若拥有 1 000 个坐席的观众厅,其面积为 700 m²,这个数量比教室大 14 倍,比居室大 45 倍,见图 3 - 9。

　　从以上比较可以看出,不同性质的房间,其空间容量相差悬殊的原因是功能。可见,功能对于空间大小及容量的规定性在实践中表现得何等鲜明。

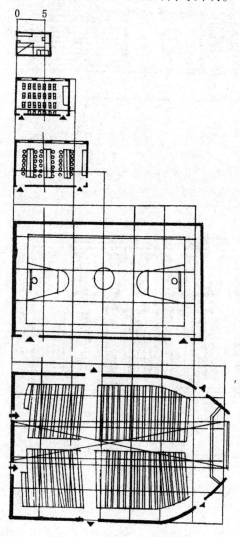

图 3 - 9　使用特点与面积的关系

（3）结构类型与平面尺寸

　　砖混结构由于墙体承重,内部空间的划分灵活性较小(图 3 - 10)。当采用框架结构时,建筑平面形成整齐的柱网,平面尺寸由柱距和跨度两个向度构成,柱网尺寸一般≥6 m。由于墙体是填充构件、不承重,所以空间划分的灵活性较大(图 3 - 11)。当空间具有较大跨度时,屋顶结构的造型功能便变得很突出,常采用桁架、网架、悬索、折板、壳体等结构形式。

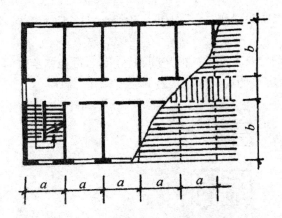

图 3-10　横墙承重方案的开间与进深

　　采用砖混结构时,房间平面尺寸由开间和进深两个向度构成。如选用单一开间、横墙承重,由于板的经济跨度限制,所以房间的开间尺寸不宜大于 4.2 m。

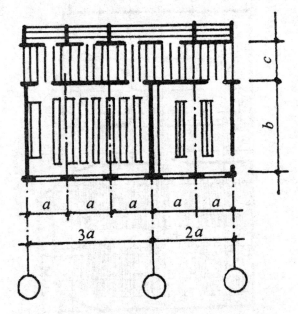

图 3-11　多开间的梁板结构方案的开间与进深

　　当空间面积较大时,可以选用多开间形式。此时需要设置楼面梁,梁的跨度一般小于 9 m。

　　(4)家具布置与平面尺寸

　　家具布置、布置方式及数量对房间面积、平面形状和尺寸有直接的影响。在确定房间平面尺寸时,应以主要家具、尺寸较大的家具以及设备为依据,如主卧室应首先考虑床的布置,并使其具有灵活性,以适应不同住户的要求。开间尺寸不宜小于 3.3 m,进深尺寸不宜小于 4.5 m,见图 3-12。

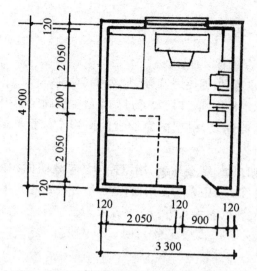

图 3 - 12　家具布置与平面尺寸的关系

（5）房间比例与平面尺寸

各种形状的房间比例关系不同。矩形平面的房间，长宽之比以不大于 2 为宜。过大则有狭长感，会带来使用上及空间观感上的很多缺憾。

（6）日照、采光与平面尺寸

为了保证冬季室内有足够的阳光照射的深度，并使天然采光的照度均匀，房间深度一般不宜过大，见图 3 - 13。

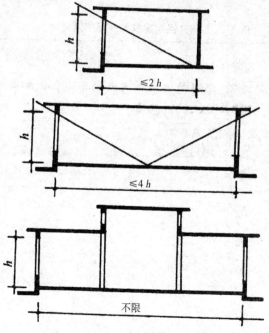

图 3 - 13　日照、采光对房间进深（跨度）尺寸的影响

当单侧采光时，房间进深尺寸不大于采光口的上口高度的 2 倍；当双侧采光时，房间进深尺寸不大于采光口的上口高度的 4 倍；当进深进一步增大时，房间需增设顶部采光口。

3.2.1.3 单一空间面积确定的三种方法

确定单一空间面积的方法有三种:

(1)面积分配明显的建筑,根据使用特点、人数和家具确定;

(2)当使用人数、面积定额不确定时,要通过调查研究来确定面积;

(3)面积分配不明显的建筑,根据国家颁发的面积定额指标确定,见表3-1、表3-2。

国家编制出了一系列的面积定额指标,用以控制各类建筑面积的限额,并作为确定房间使用面积的依据。在写字楼中人均使用面积,一般办公室3.5平方米/人,高级办公室6.5平方米/人,特殊办公室(董事长等)12平方米/人。掌握了总使用面积之后,除以使用面积系数(多层60%~65%,高层57%),便基本上控制了建筑的规模。

表3-1 不同等级的剧场每座位占用观众厅的面积标准

剧场建筑等级质量标准	每座位占用观众厅面积不大于(平方米/座)
甲(耐久年限100年以上)	0.7
乙(耐久年限50~100年)	0.6
丙(耐久年限25~50年)	0.55

表3-2 部分民用建筑的房间定额指标

项目 建筑类型	房间名称	使用面积定额 平方米/人	备注
中小学	普通教室	1.1~1.12	小学取下限
电影院	门厅、休息厅	甲等0.5 乙等0.3 丙等0.1	门厅、休息厅合计
汽车旅客站	候车厅	1.1	—
铁路旅客站	候车厅	1.1~1.3	—
图书馆	普通阅览室	2.3	—
办公楼	一般办公室	3.0	—
办公楼	会议室	0.8 1.8	无会议桌 有会议桌

3.2.2　单一空间的平面形状

确定完单一空间的大小、容量之后,还需要进一步确定单一空间的形状和具体尺寸——空间是正方形、长方形、圆形,还是扇形或不规则形等。功能的制约与建筑空间的灵活多样并不矛盾。使用性质对房间形状的影响,是空间形状确定的因素,其主要依据是室内使用活动的特点,家具布置的方式,采光、通风和音响等要求。空间的形状是多种多样的,除矩形外,圆形、梯形、多边形、三角形,都可用作建筑空间形状的处理手法。

然而,不可否认的是,不论如何选择,使用功能应该是首要的制约条件,那种随意牺牲使用功能而片面追求某种特殊的形状的做法是不可取的。使用功能要求特别突出的房间,平面形状要受到这种使用功能的制约,如影剧院的观众厅要满足视听要求,常采取钟形、扇形、六边形等平面形式,见图 3 - 14。

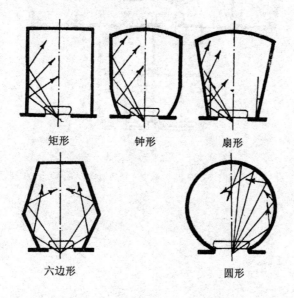

矩形　　　钟形　　　扇形

六边形　　　　　圆形

图 3 - 14　不同形状观众厅的特点

　　矩形跨度大,前部易产生回声,只适用于小型观众厅。六边形、钟形、扇形满足声学要求,结构复杂。圆形声能分布不均匀,易产生声聚焦,视线也稍差,较少采用。

3.2.2.1　影响房间平面形状的因素

在设计时,要注意影响房间平面形状的因素有很多,归纳起来可以概括为以下几个方面:

(1)使用性质对房间平面形状的影响;

(2)日照和基地条件对平面形状的影响,见图 3 - 15、图 3 - 16;

(3)结构选型对平面形状的影响,见图 3 - 17a、图 3 - 17b;

(4)建筑艺术处理对平面形状的影响,见图 3 - 18。

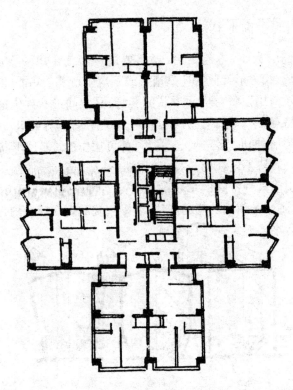

图 3 - 15　锯齿形平面的居室

　　为将住户的视野朝向较好的方向,其中 4 户居室设计为锯齿形,使建筑的外形变得更丰富。

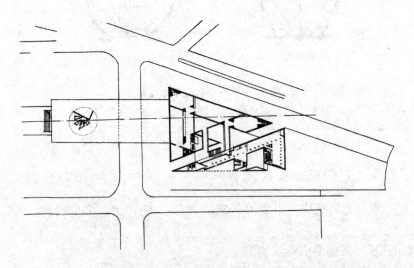

图 3 - 16　华盛顿美国国家艺术博物馆东馆

　　该建筑位于华盛顿林荫广场中间的一块三角形地块内,由一个等腰三角形展厅和一个直角三角形的研究中心构成,基地条件的限制成为建筑师设计的灵感和机遇。

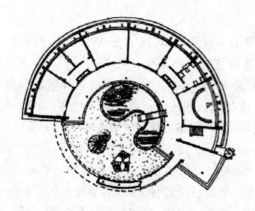

图 3 - 17a　四川省实验婴儿园平面图

该建筑屋顶结构为放射形的钢筋混凝土折板。建筑平面为扇形，主要房间也为扇形。

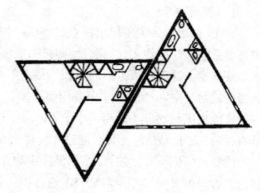

图 3 - 17b　某点式住宅平面图

该建筑采用钢筋混凝土壁板体系，建筑平面为三角形，主要房间为梯形。锐角处分别布置了卫生器具、通风管道或安装搁板，使空间得到充分利用。

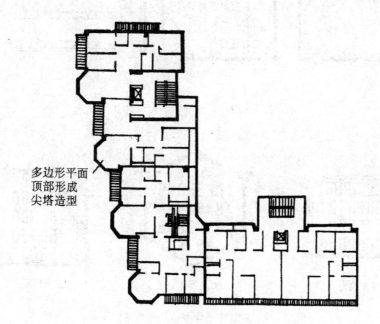

多边形平面
顶部形成
尖塔造型

图 3 - 18　某高层建筑平面图

为了满足城市规划对总体艺术布局的要求，突出建筑的个性特征，将每层的四个房间设计成多边形，顶部为尖塔，形成强烈的韵律感。

3.2.2.2　以教室为例说明房间平面形状选择的依据

虽然说在满足使用功能的前提下，某些空间可以被设计成多种形状，然而对于特定环境下的某种使用功能，总会有最为适宜的空间形状可供选择，这本身就是一个设计的优化组合过程。以教室为例，如果确定教室面积为 50 m^2 左右，其平面尺寸可以为 7 m×7 m、6 m×8 m、5 m×10 m、4 m×12 m……到底如何进行选择呢？

（1）视听要求

首先，以听课为主要使用特点的 50 座的中小学普通教室，应满足视听要求，长宽比过大会影响后排的使用，过宽会使前排两侧座位看黑板时出现反光现象。其平面形状要求保证学生上课时视听方面的质量，即座位的排列不能太远太偏，教师讲课时黑板前要有必要的活动空间；最远座位不大于 8.5 m；边座和黑板面远端夹角控制在不小于 30°；第一排座位离黑板的最小距离不小于 2 m，第一排学生的眼睛与黑板垂直面形成的夹角（即垂直视角）大于 45°等。因此，通过比较得出 6 m×8 m 的平面尺寸能较好地满足教室使用上的要求。同样是上述尺寸，如果换成幼儿园的活动室，由于幼儿园活动的灵活多样，接近于方形的平面尺寸通常被较多地选用。若是会议室，略为长方形的空间形状更有利于功能的使用，见图 3－19。仅从视听要求、通行需要，满足教室使用的可能空间形状有方形、六角形、矩形等，见图 3－20。

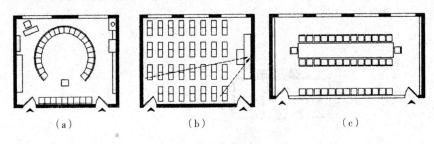

（a）　　　　　　（b）　　　　　　（c）

图 3－19　矩形平面的灵活性

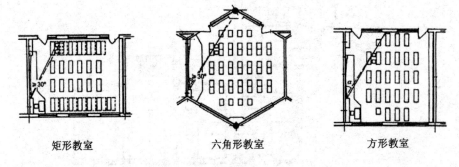

矩形教室　　　　　六角形教室　　　　　方形教室

图 3－20　教室的平面形状及课桌椅的布置

（2）日照和采光要求

教室需要足够和均匀的天然采光，进深较大的方形、六角形等平面形式需要侧光（两侧）采光或侧光与顶光采光相结合的方式；当平面组合中，房间只能一侧开窗采光时，沿外墙长向的矩形平面，能够较好地满足采光均匀的要求。

（3）房间的结构布置

从构成房间的结构布置和预应力构件的选用方面看，中小型民用建筑如教室常采用梁板构件布置，如采用非预应力钢筋混凝土梁，通常梁的经济跨度为 6 m～7 m。普通教室的平面形状通常采用沿外墙长向布置的矩形平面。若平面组合允许双侧采光或顶部采光时，或教室的主要使用要求和结构布置方式有所改变，平面形状也可相应地改变。

（4）家具及设备布置

一般房间采用矩形,主要原因是方便对家具及设备进行布置,功能适应性强;矩形空间的开间、进深尺寸易统一,便于平面组合;结构简单,预制构件选用较易解决,施工方便;沿外墙长向布置能较好地满足采光均匀的要求。但是,矩形不是唯一的房间形状,见图3-21,像有视听和疏散要求的影剧院、剧院等的观众厅,其视听等功能要求直接反映在空间上,从而影响房间平面及剖面形状的选择。其空间形状较为复杂,均是出于功能制约的结果。

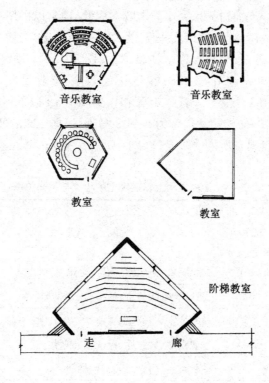

音乐教室　　音乐教室

教室　　教室

阶梯教室

走　　廊

图3-21　空间处理与平面形状

3.2.3　单一空间的质量

在房间的平面设计中,门窗的大小、数量、位置、开启方式、形式和组合方式等对房间的使用效果有很大影响。当然遮风避雨、抵御寒暑几乎是一切建筑空间所必备的条件;再进一步则是有必要的采光、通风、日照等条件,需要不同的朝向和不同的开窗处理;少数特殊类型的房间还要通过机械设备或特殊的构造方法来保证防尘、防震、恒温、恒湿等。空间的质量是一种限定空间的物理、心理特性的综合,是在体量、形状方面满足使用功能的物理需求基础上,满足采光、日照、通风等相关要求,令使用者感到舒适,进一步地通过对空间限定来进行一定程度上的艺术造型处理,使得空间的感知(主要是视觉感知)达到愉悦的程度。空间的质量是建筑设计重点追求的目标,学生需要通过理性与感性相结合的学习及训练来逐步达到。

3.2.3.1 窗

(1)窗的大小

开窗的基本目的是为了采光和通风,当然也有立面的需要,而开窗面积的大小主要取决于功能与对采光(采光亮度)、通风的需要,主要以采光为主。因此,开窗的第一作用是获得必要的阳光。窗的大小直接影响室内照度是否足够,窗的位置关系到室内照度是否均匀。不同使用要求的房间,照度是由室内使用上精确细密的程度来确定的(表3-3)。由于照度强弱主要受窗户面积大小的影响。因此,通常以民用建筑窗口透光部分的面积与房间地面面积的比值(即窗地面积比,也称采光面积比)来初步加以确定或校验窗户面积的大小,再结合美观、模数等要求加以调整(图3-22)。如手术室、制图室为1/3~1/5;阅览室、专业实验室为1/4~1/6;办公室、会议室、营业厅为1/6~1/8;观众厅、休息厅、厕所为1/8~1/10;贮藏室、门厅、走廊和楼梯间1/10以下;住宅的居室及厨房为1/7、厕所和过厅为1/10、楼梯间和走廊为1/14。另外,根据空间的使用要求不同,还可以通过天然采光计算来得出其所需的采光口大小。

表3-3 室内使用上精确细密的程度与采光关系

采光等级	视学工作特征		房间名称	天然照度参数	采光面积比
	工作或活动要求精确程度	要求识别最小尺寸(mm)			
I	极精确	<0.2	绘画室、制图室、画廊、手术室	5~7	1/3~1/5
II	精确	0.2~1	阅览室、医务室、健身房、专业实验室	3~5	1/4~1/6
III	中等精确	1~10	办公室、会议室、营业厅	2~3	1/6~1/8
IV	粗糙	—	观众厅、休息厅、盥洗室、厕所	1~2	1/8~1/10
V	极粗糙	—	贮藏室、门厅、走廊、楼梯间	0.25~1	1/10以下

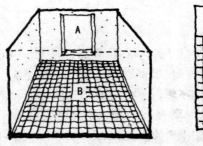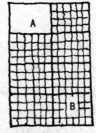

图3-22 采光面积比

开窗面积的大小,通常都是根据房间对于亮度的要求来确定的,亮度要求愈高,开窗的面积就愈大。对于一般民用建筑来讲,通常把开窗面积与地板面积的比称为采光面积比。不同使用要求的房间,其采光面积比也各不相同,如居室1:8,陈列室1:6。

（2）窗的位置

窗的位置主要影响到房间沿外墙（开间）方向的照度是否均匀,有无暗角和炫光(图 3 - 23)。

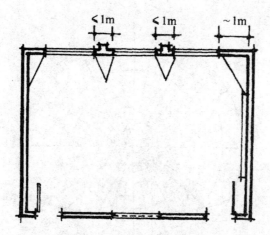

图 3 - 23　窗的位置选择

　　教室的一侧采光时,窗位于学生左侧、窗间墙不宜过大、窗和黑板间的距离要适当,距离远易
形成暗角,近易形成眩光。

（3）开窗的形式

不同的功能需要还会影响到开窗的形式,从而对具体的空间形式产生制约。一般建筑最常用的为侧窗,采光要求低的可开高侧窗,采光要求高的可以开带形窗或角窗;一些进深大的空间,在单面开窗无法满足要求时,则可双面开窗;一些工业厂房由于跨度大、采光要求高,除了开设侧窗外,还必须开设天窗满足深层空间的采光要求;还有些特殊的空间如博物馆、美术馆的陈列室,由于对采光质量要求特别高,既要求光线均匀,又不能产生反光和眩光等现象,则必须考虑采用特殊的开窗形式。但是,如果片面地追求立面效果,而不顾内部空间的使用要求任意开窗肯定是不可取的。如把图书馆的书库全做成落地窗甚至玻璃幕墙就很难满足书籍长期保存所需的恒温、恒湿和防紫外线等要求。开窗的手法和朝向的选择是从质量方面来保证空间功能的合理性,不同的开窗形式、不同的朝向、不同的明暗光线会使空间产生开敞、封闭、流动、压抑等多种形态。

（4）房间的朝向选择

窗子可以起到争取阳光照射、利于人体健康等作用,同时,也要避免招致某些不利自然条件的危害,如烈日暴晒等,这将直接影响到空间环境的优劣。朝向问题关系到日照、通风。在夏季,合理的朝向可以争取充分的自然通风,而在冬季又可以避免寒风的侵袭。当然,这个问题必须联系不同地区的气候特点来考虑。

因此,就一个房间来讲要达到功能合理就必须做到具有合适的大小、合适的形状、合适的门窗位置及朝向,也就是合适的空间形式。

①根据太阳运动的规律进行朝向选择

我国地处北半球,根据太阳运动的规律来进行朝向选择,见图 3 - 24。为争取较多日照,一般建筑以南向或偏南向居多,北方大部分地区南向是最佳朝向,东向是较好朝向,西向是可选朝向,北向因全年只有冬至、夏至时才早晚有光线射入室内,所以北向是最不利的朝向;南方地区则是考虑西晒问题,认为北向是次于南向较好的朝向。如何选择朝向,应该根据具体自然条件判定。

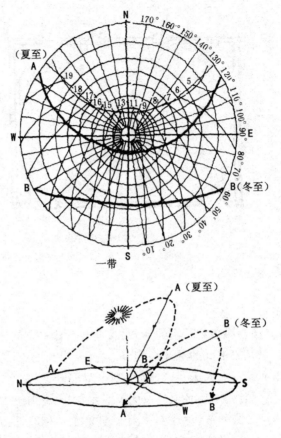

图3-24 太阳运动的规律与朝向选择

②不同使用性质对朝向的要求不同

房间因使用要求不同应争取合适的朝向。建筑中的主要使用空间一般宜选择南向,争取良好的朝向,如居室、托幼的活动室、教室、客房和疗养院等;另一类房间由于功能方面的要求不允许阳光直接照射,要求光线均匀,避免直射太阳光,如博物馆的陈列室、手术室、绘画室、雕塑室、化学实验室、书库、精密仪表车间等,为了使光线柔和、均匀、稳定或出于保护物品免受损害、变质等,则应尽量避免阳光的直接照射(图3-25)。至于朝向应当如何考虑,这不仅要看房间的使用要求,而且还要看地区的气候条件。具体到我国,由于所处地理位置的特点,前一类应尽可能朝南,后一类应朝北布置。此外,交通空间、卫生间、设备间等可选北向、西向等不利朝向。

③良好的自然采光条件

采光是室内物理环境的重要因素之一。大多数室内空间对自然采光都有较高的要求,如教室、阅览室、办公室、居室等。采光的要求是看得见、看得舒适。以自然为主、人工为辅,是建筑空间光环境的基本策略。当自然光线不足时,可以辅以人工照明。具体

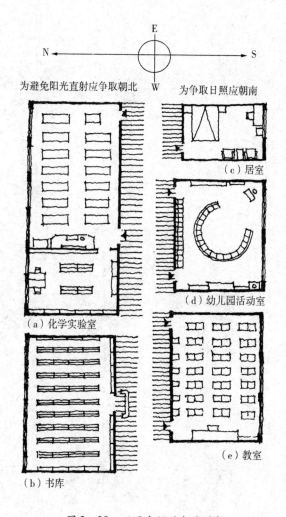

图 3－25 不同空间的朝向选择

　　居室、幼儿园的活动室、医疗建筑的病房等,为促进健康,应当力争有良好的日照条件;

　　博物馆的陈列室、绘画室、化学实验室、书库、精密仪器室等为了使光线柔和、均匀或出于保护物品免受损害、变质等考虑,应尽量避免阳光的直接照射。

内容是直接的自然光线、足够的照度和均匀度、合理的光线方向及避免反射光。

　　④充分利用自然通风

　　充分利用自然通风对改善室内空气及卫生质量,形成适合的空气温湿度具有重要意义,组织室内穿堂风是解决室内自然通风的主要方法。门窗构成了空间的进风口、出风口,利用进出风口之间的气压差在室内形成通畅的风道,这就是穿堂风。门窗的位序、排列方式对室内穿堂风的风向及射流面积影响较大。因此,必须了解常年主导风向,进风口一般迎向常年主导风向或偏一个角度,见图 3－26。

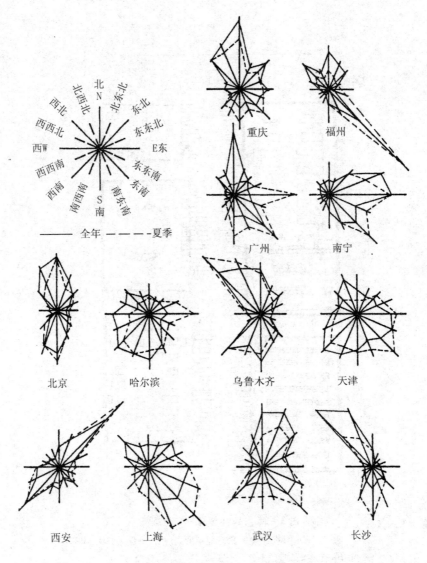

图 3-26 我国部分城市风向频率玫瑰图

风向频率是指该地区各个方向上吹风的次数与所有方位吹风的总次数之比。风向频率玫瑰
图表示对某一地区风向频率的统计,是用 16 个罗盘方位,根据某一地区多年统计的各个方向吹风
次数,按比例绘制而成,应从外向内读取。

3.2.3.2　门

在使用功能的制约下,建筑空间中门的设置及其朝向的选择等都能给空间的形态带
来质的变化。

(1)门的开启方式、方向

当相邻墙面都有门时,应注意门的开启方向,防止门扇开启时发生碰撞或影响人流
通行,见图 3-27。房间门一般向内开,以免妨碍走道交通;人流大,安全疏散要求高的公
共活动房间的门,应防火要求,则开启方向应沿着人流疏散方向;采用推拉门,推拉时应

不影响其他物品的设置;采用双向弹簧门,如商店,应在视线高度范围内的门扇上装玻璃;不等宽的双扇门,如医院,平时出入可只开较宽的单扇门,当有手推车或担架车出入时,可两扇门同时开启。

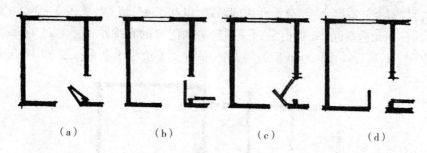

图 3 - 27　门的开启方向

(a)、(b)、(c)三个方案,门开启时都会发生碰撞,交通也不顺畅,所以只有在进出第二个门,
人很少时才采用,(d)方案较好,但是第一扇门要与家具配合。

（2）门的宽度

门的宽度是由人的通行量及进出家具、设备的最大尺寸决定的。通常按单股人流最小宽度为 0.55 m 设计,加上人行走时身体的摆动幅度及携带物品等因素,因此,门的最小宽度应≥0.7 m。

一般单扇门的最小宽度是 1.0 m,双扇门宽为 1.2 ~ 1.8 m,双扇门或多扇门的每个门扇宽度以 0.6 ~ 1.0 m 为宜。医院病房门不小于 1.2 m,并应设不等宽的双扇门。又如商店,由于出入人流频繁,应设双扇弹簧门。对于一些人流量大且集中的房间,考虑疏散要求,门的总宽度按照每百人 0.6 m 宽计算,并应设置双扇外开门。住宅建筑中入户门 1.2 m 或 1 m,起居室、卧室门 0.9 m,厨房及卫生间门 0.65 ~ 0.8 m,阳台门为 0.8 m,见图 3 - 28。

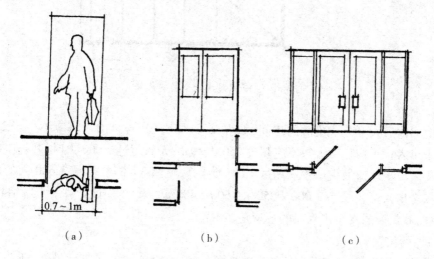

图 3 - 28　门的宽度分析

（3）门的数量

单层建筑（托幼建筑除外）如果面积不超过200 m²，且人数不超过50人时，可设一个直通室外的安全门。此外，防火规范规定，当一个房间面积超过60 m²且人数超过50人时，门的数量至少要有两个，并分设在房间两端，以利于安全疏散，见图3-29。位于走道尽端的房间（托幼建筑除外）当由最远一点到房间门口的直线距离不超过14 m，且人数不超过80人时，可设一个向外开启的门，但门的净宽不应小于1.4 m，见图3-30。

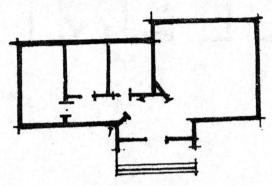

面积≤200m²，使用人数≤50人

图3-29　单层建筑可设一个外门的条件

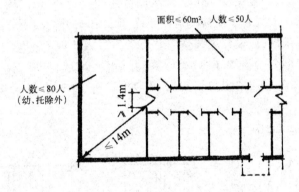

面积≤60m²，人数≤50人

人数≤80人
（幼、托除外）

≥1.4m

≤14m

图3-30　房间可设一个门的条件

短时间内有大量人流集散的房间，如观众厅、体育场，安全出入口应不少于2个，且每个安全出入口平均疏散人数不应超过250人；容纳人数超过2 000人时，其超出部分每个安全出入口平均疏散人数不应超过4 00人计算，见图3-31。容纳3 600人的观众厅需要的安全出入口数量为2 000÷250 + 1 600÷400 = 12（个）。试计算一个容纳4 200人的观众厅，其需要的安全出入口的数量是多少？

（4）门的位置

在设计门的位置时应考虑室内交通路线简捷、安全疏散的要求。另外，还要考虑房间的使用面积能否充分利用、家具布置是否方便及组织穿堂风等问题，见图3-32。通常门的位置采用对面通直布置，使室内气流通畅。

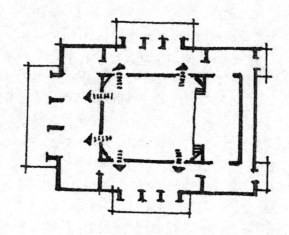

图 3 - 31　观众厅安全出入口

　　面积小、人流量小的房间,应使门有利于家具的合理布置,尽可能少设门,留有完整墙面来布置家具,提高房间面积的利用率;面积大、人流量大的房间,如观众厅,门应均匀布置,满足通行简捷、安全疏散的要求。

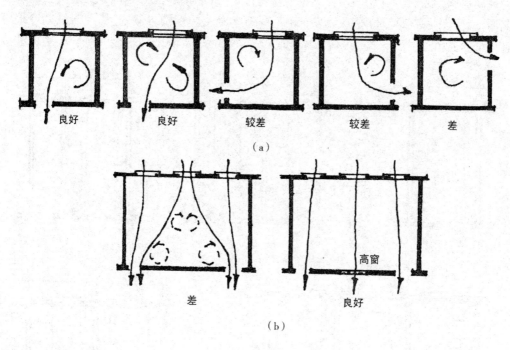

图 3 - 32　门窗的位置与自然通风

3.2.3.3　厕所、盥洗室、浴室、贮藏间、通风机房、配电间等空间的设计

　　厕所、盥洗室是公共建筑不可缺少的空间,设计者应在方案进行到一定阶段时把它们作为构成因素加以考虑。否则,后补则会十分困难。

　　首先,这类辅助性用房应满足使用方便、位置隐蔽的要求。

辅助部分的设计也要认真对待,它是使用过程中不可或缺的一部分,不是可有可无或随便安排的。辅助部分本身有它自己的使用程序,设计时应保证其功能序列的连贯。因为它们常常是各种各样的加工厂(如厨房可视为食品加工厂,洗衣房则为洗衣加工厂)。它们与基本使用空间既有需要分隔开的一面,又有需要联系的一面,设计不当都会给使用者带来不好的效果。它们的面积大小,空间高低都有其特殊的要求,都应一一满足,妥善解决。如果辅助用房与基本使用空间不按一定比例来安排,必将影响其使用能力及整个建筑物的使用效果。例如一个商店,若仓库面积过小,位置不当或者是采光、通风考虑不周,不仅影响到营业厅的使用,而且影响到商品的保存,甚至导致物品变质。

通常情况,辅助性用房应布局在人流活动的交通线上,靠近入口、楼梯间、走廊一端或转角处,并置于朝向较差的方位;不影响主要房间的使用,如厕所紧邻教室,干扰太大,可以移至端部,用楼梯间隔开,与平台相接,效果会更好。某些小型公共建筑,底层厕所与主楼梯结合,既方便使用,又可有效利用平台下的空间。

厕所、浴室、盥洗室其设计的一般原则是不宜布置在有严格卫生要求或防潮要求用房的直接上层;要注意隐蔽设计。隐蔽设计是使这类用房尽可能不要对准人流通过的区域,以免视线及气味污染造成不雅后果,具体的改善办法是入口后退,形成与走廊相隔离的过渡空间,并调整入口的方向,避免直接对着走廊;设置前室,作盥洗空间;男女厕所要隔离设置(图3-33)。应有天然采光和不向邻室对流的直接自然通风,严寒及寒冷地区宜设自然通风道;当自然通风不能满足通风、换气要求时,应采用机械通风。楼地面和墙

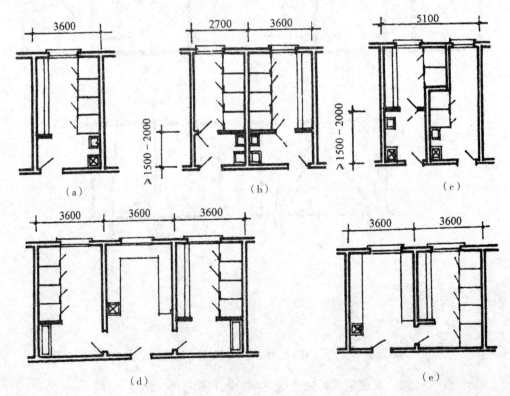

图3-33 厕所布置形式

面应严密防水、防渗漏。便槽表面应采用不吸水、不吸污、耐腐蚀、易清洗的材料。厕所应设洗手盆,并应设前室或有遮挡措施,进深不小于 1.5 ~ 2 m。浴室淋浴隔间尺寸、卫生设备尺寸及组合设计,见图 3 - 34、图 3 - 35、图 3 - 36。

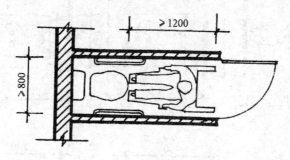

图 3 - 34　残疾人厕所

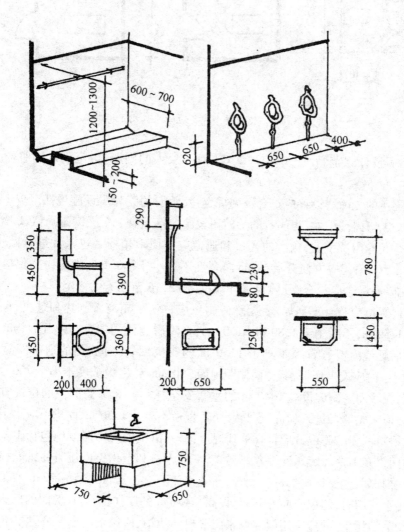

图 3 - 35　厕所卫生间设备图

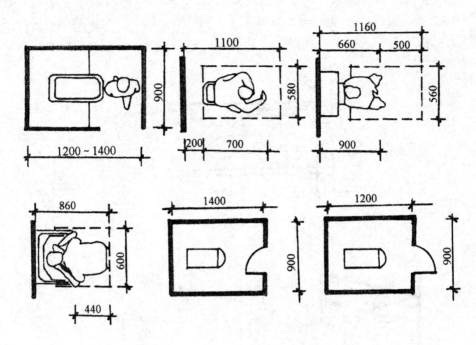

图 3-36　使用单个设备时的基本尺寸要求

《无障碍设计规范》(GB50763-2012)对残疾人的厕所、浴室设计均有较为详细的规定。

公共厕所的无障碍设计应符合下列规定:女厕所的无障碍设施包括至少1个无障碍厕位和1个无障碍洗手盆;男厕所的无障碍设施包括至少1个无障碍厕位、1个无障碍小便器和1个无障碍洗手盆;厕所的入口和通道应方便乘轮椅者进入和进行回转,回转直径不小于1.50 m;门应方便开启,通行净宽度不应小于800 mm;无障碍厕位应设置无障碍标志,无障碍标志应符合《无障碍设计规范》第3.16节的有关规定。

无障碍厕位应符合下列规定:无障碍厕位应方便乘轮椅者到达和进出,尺寸宜做到2.00 m×1.50 m,不应小于1.80 m×1.00 m;无障碍厕位的门宜向外开启,如向内开启,需在开启后厕位内留有直径不小于1.50 m 的轮椅回转空间,门的通行净宽不应小于800 mm;厕位内应设坐便器,厕位两侧距地面700 mm 处应设长度不小于700 mm 的水平安全抓杆,在墙面一侧应设高1.40 m 的垂直安全抓杆。无障碍厕位的位置宜靠近公共厕所,应方便乘轮椅者进入和进行回转,回转直径不小于1.50 m,面积不应小于4.00 m^2。

公共浴室的无障碍设计应符合下列规定:公共浴室的无障碍设施包括1个无障碍淋浴间或浴间以及1个无障碍洗手盆;公共浴室的入口和室内空间应方便乘轮椅者进入和使用,浴室内部应能保证轮椅进行回转,回转直径不小于1.50 m;浴间入口宜采用活动门帘,当采用平开门时,门扇应向外开启,设高900 mm 的横扶把手,在关闭的门扇里侧设高900 mm 的关门拉手,并应采用门外可紧急开启的插销;应设置一个无障碍厕位。

无障碍淋浴间应符合下列规定:无障碍淋浴间的短边宽度不应小于1.50 m;浴间坐台高度宜为450 mm,深度不宜小于450 mm;淋浴间应设距地面高700 mm 的水平抓杆和高 1.40 m～1.60 m 的垂直抓杆;淋浴间内的淋浴喷头的控制开关的高度距地面不应大于 1.20 m。

无障碍盆浴间应符合下列规定:在浴盆一端设置方便进入和使用的坐台,其深度不应小于 400 mm;浴盆内侧应设高 600 mm 和 900 mm 的两层水平抓杆,水平长度不小于 800 mm;洗浴坐台一侧的墙上设高 900 mm,水平长度不小于 600 mm 的安全抓杆,见图 3 - 37。

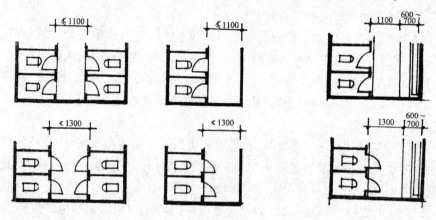

图 3 - 37 厕所与墙、小便槽的间距

各类建筑卫生设备的数量应符合单项建筑设计规范的规定。部分民用建筑厕所参考指标,如表 3 - 4 所示。

表 3 - 4 部分民用建筑厕所设备参考指标

建筑类别	男小便器(个/人)	男大便器(个/人)	女大便器(个/人)	洗手盆(个/人)	男女比例	备注
幼托	—	5～10	5～10	2～5	1:1	—
门诊所	50	100	50	150	1:1	总人数按全日制门诊人数计算
火车站	80	80	50	150	2:1	男旅客按人数 2/3 计算
剧院	35	75	50	140	3:1	—
旅馆	12～15	12～15	10～12	8～10	—	比例按统计
宿舍	20	20	15	15	—	比例按实际
中小学	40	小学 40 中学 50	小学 20～25 中学 25	90	1:1	—
办公楼	30	40	20	40	—	—
电影院	50	150	50	—	1:1	—
门诊部	60	120	75	—	—	—
疗养院	15	15	12	6～8	—	—

注意:小便槽折合 0.6 m 为一个

3.2.3.4　楼梯、电梯、自动扶梯等空间的设计

交通联系空间不仅是建筑总体空间的一个重要组成部分,而且是将空间组合起来的重要手段。公共建筑内外、上下、主次空间等均离不开交通联系空间。一栋建筑设计得是否合理,也取决于交通联系部分设计的好坏。建筑物内部的交通空间可以分为水平交通空间、垂直交通空间及交通枢纽空间三种方式。

交通联系空间的设计应遵守的原则是交通流线组织应符合建筑功能的特点,有利于形成良好的空间组合形式;交通路线简捷明确,具有导向性,通行方便;人流通畅、紧急疏散时迅速安全;满足采光、通风及照明要求;考虑适当的空间尺度、造型问题,形成完美的空间形象;节约交通面积,提高面积的利用率;严格遵守防火规范的要求。

(1)过道(或走廊)

水平交通空间主要指过道、走廊等,它是用来联系同一层各类用房、楼梯及门厅等部分,以解决房屋水平交通联系和疏散问题的一种交通空间。布置要点是直接、防曲折多变,空间联系紧密,适当考虑采光照明等方面设计。

水平交通空间按使用性质不同分为纯交通性质(如办公楼、旅馆和电影院等);兼有其他功能(如教学楼、医院门诊等);综合性质(如具有展览陈列性质的建筑的过道、园林建筑等)。

①过道的宽度

过道的宽度(一般研究的是净宽)(图3-38)主要根据使用人数、交通流量、过道性质、防火规范及空间感受等因素来决定。一般公建过道的最小净宽不小于1 500 mm,其宽度确

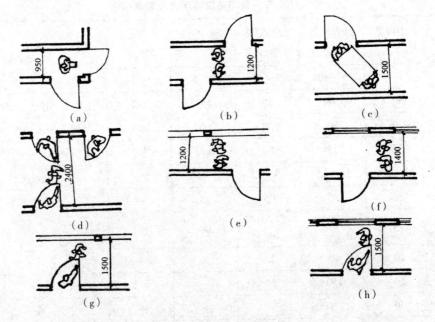

图3-38　过道宽度的确定

门向内开,两人相对通过1.2 m;门向外开,两人相对通过1.5 m;

门向外开,三人通过1.5 m(外廊式);门向外开,三人通过2.4 m(内廊式)。

定的方法是以人流股数 × 人流宽度 550 mm（包括人肩宽加空隙等），单股人流通行的宽度为 0.55 ~ 0.7 m，双股人流通行的宽度为 1.1 ~ 1.4 m；携带物品的人流过道，结合物品的尺寸确定其宽度；多功能的过道则应根据其所服务的功能及使用情况确定其宽度，如中学外廊采用 1.5 m，内廊采用 2.4 m。走道兼休息时为 2 ~ 3 m，门诊部兼候诊部的过道、单侧候诊过道宽不小于 2.1 m，双侧候诊过道宽不小于 2.7 m，见图 3 – 39、表 3 – 5。

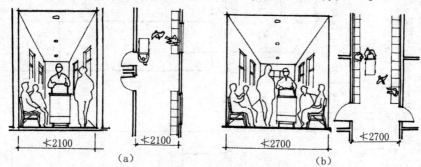

（a）　　　　　　　　　　　　　　　　（b）

图 3 – 39　候诊的走道宽度

表 3 – 5　部分公共建筑走道最小净宽（m）

建筑类型	走道形式	走道两侧布房	走道单侧布房或外廊	备注
托幼建筑	生活用房	1.8	1.5	—
	服务供应	1.5	1.3	
教育建筑	教学用房	≮2.1	≮1.8	—
	行政办公用房	≮1.5	≮1.5	
文化馆建筑	群众活动用房	2.1	1.8	—
	学习辅导用房	1.8	1.5	
	专业工作用房	1.5	1.2	
办公建筑	走道长 ≤40m	1.4	1.3	
	走道长 >40m	1.8	1.5	
营业厅通道		≥2.2		通道在柜台和墙面或陈列橱之间

②过道的长度

过道的长度取决于采光口、楼梯或出入口之间的距离。在设计时应根据建筑的性质、结构、类型、耐火等级、通风、采光等不同情况、不同要求，控制过道的长度。

过道的长度除满足使用要求外，还必须遵守建筑设计防火规范中的有关规定。从安全疏散的角度考虑，需要将过道所连接的最远的一个使用空间到安全出入口或疏散楼梯的距离（袋形过道长度）控制在安全疏散的规范限度内，见表 3 – 6。为缩短过道长度和减少过道面积，可在满足功能要求的前提下，尽量缩小开间及加大进深，充分利用过道尽端布置较大房间，在尽端设楼梯兼作次要出入口等。

表 3-6　走道安全疏散距离(m)

建筑名称	房门至外部出口或封闭楼梯间的最大距离(m)																							
	位于两个外部出口或楼梯之间的房间												位于袋形走道两侧或尽端的房间											
	耐火等级												耐火等级											
	一、二级				三级				四级				一、二级				三级				四级			
托儿所、幼儿园	25	30	31.25	20	20	25	25	15	—				20	25	25	18	15	20	18.75	13	—			
医院、疗养院	35	40	43.75	30	30	35	37.5	25	—				20	25	25	18	15	20	18.75	13	—			
学校	35	40	43.75	30	30	35	37.5	25	—				22	27	27.5	20	20	25	25	18	—			
其他民用建筑	40	45	50	35	35	40	43.75	30	25	30	31.25	20	22	27	27.5	20	20	25	25	18	15	20	18.75	13
封闭楼梯间																								
开敞式外廊自动喷淋																								
非封闭楼梯间																								

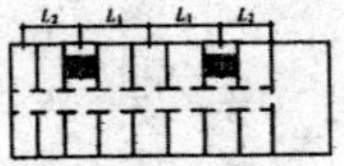

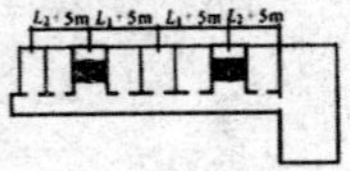

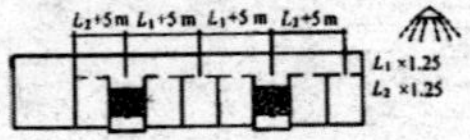

③过道的采光和通风

当过道的长度 L 不超过 20 m 时,可以一端设采光口;当过道的长度 L 超过 20 m 时,可以两端设采光口;当过道的长度 L 超过 40 m 时,需要增加中间采光口。中间采光口包括利用门厅、过厅或楼梯间的光线,过道两侧局部设开敞空间或利用两侧房间门上的亮子、墙上的高窗等进行间接采光(即利用门厅、过厅、楼梯间、门的亮子和高窗等措施进行采光),见图 3 - 40、图 3 - 41。

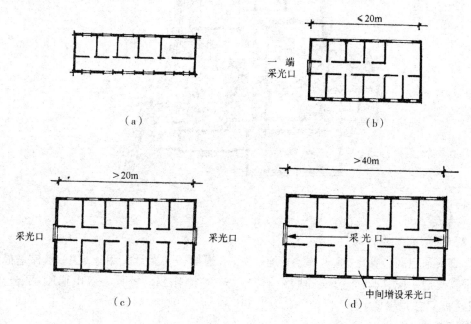

图 3 - 40　过道长度与采光口的关系

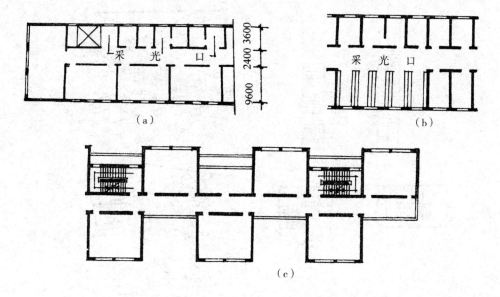

图 3 - 41　内、外过道结合

　　另外,还有一种水平交通空间——连廊,见图3-42。连廊是将在空间上有一定距离且相互独立的两个或多个使用空间,用一个狭长的空间联系起来组成建筑的总体空间,这个狭长空间就是连廊。当连廊结合地形起伏设置时,连廊内还可以设置台阶。

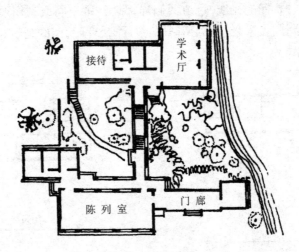

图3-42　连廊实例

　　(2)楼梯

　　垂直交通空间包括楼梯、电梯、自动扶梯及坡道等。在大量民用建筑中,楼梯是最常用的垂直交通手段,既有垂直交通联系作用,又有造型作用。楼梯一般由梯段、平台、栏杆(或栏板)、扶手组成。

　　①楼梯的分类

　　按梯段形式分类,楼梯分为直跑楼梯、双跑楼梯(图3-43)、三跑楼梯(图3-44)、其

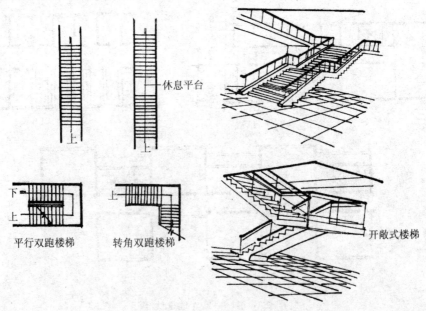

图3-43　直跑、双跑楼梯

他楼梯(交叉楼梯、剪刀楼梯、螺旋楼梯和弧形楼梯,图 3 - 45)。

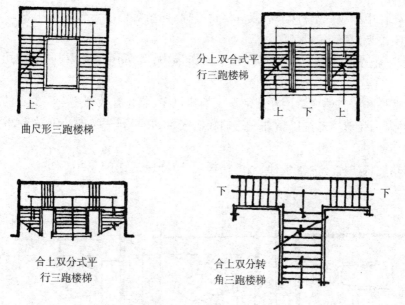

曲尺形三跑楼梯

分上双合式平
行三跑楼梯

合上双分式平
行三跑楼梯

合上双分转
角三跑楼梯

图 3 - 44　三跑楼梯

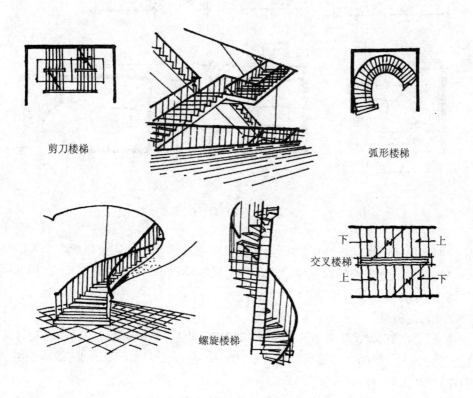

剪刀楼梯

弧形楼梯

螺旋楼梯

交叉楼梯

图 3 - 45　其他楼梯

直跑楼梯具有方向单一、贯通空间的特点,有单跑、双跑之分,如布置在门厅中轴线上,则产生强烈的导向性。

三跑楼梯中的双分平行楼梯、双分转角楼梯,均衡对称的形式典雅庄重,多置于对称的门厅空间以表达严肃的气氛。

双跑、三跑楼梯一般用于不对称的平面布局中,既可用于主要楼梯,也可用于辅助楼梯。

交叉楼梯和剪刀楼梯常用在疏散量大的建筑中,兼有有效利用空间的目的。

螺旋楼梯、弧形楼梯可以增加建筑的轻松气氛,并起到一定的装饰效果,但是不能作为疏散楼梯使用。

按照功能将楼梯分为主楼梯、辅助楼梯、消防楼梯,见图3-46。

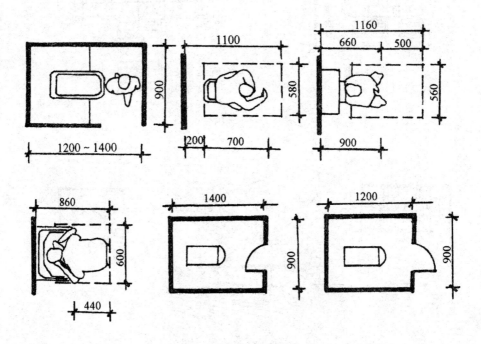

图3-46 楼梯的功能分类

按照楼梯间形式可分为开敞式、封闭式及防烟楼梯。开敞式楼梯适用于5层及5层以下公建(医院、疗养院的病房楼除外);封闭式楼梯(图3-47);防烟楼梯(图3-48),防烟前室、专供排烟用阳台、凹廊。

②楼梯的数量

楼梯的数量根据楼层人数和防火要求确定。当楼梯和远端房间的距离超过防火要求的距离,二至三层的公建楼层面积大于200 m² 或二层及二层以上的三级耐火房屋楼层人数超过50人时,都须有两个以上的楼梯。

一般公建至少设置两个楼梯,要符合安全疏散距离的规定。二、三层建筑(医院、疗养院、托幼建筑除外)可以设置1个楼梯,见表3-7。

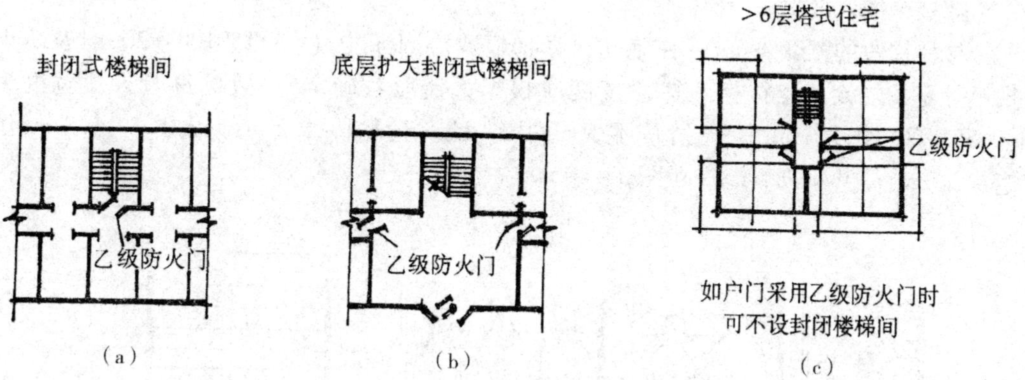

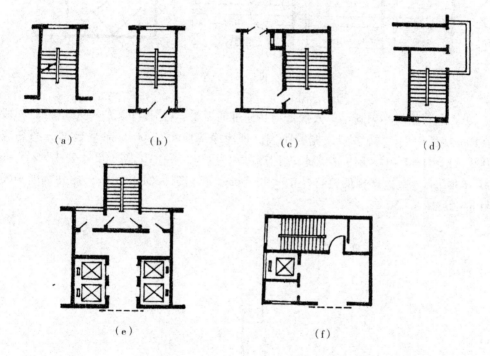

图 3 - 47 封闭式楼梯间设置

图 3 - 48 防烟楼梯的楼梯间形式

表 3 - 7 设置一个疏散楼梯的条件

耐火等级、层数	每层最大建筑面积（m²）	人数
一、二级 二、三层	400	第二层和第三层人数之和不超过100人
三级 二、三层	200	第二层和第三层人数之和不超过50人
四级 二、三层	200	第二层人数之和不超过30人
≤9层塔式住宅	500	每层≤6户
≤9层单元式住宅	300	每层人数不超过30人

③楼梯的尺度

楼梯梯段的宽度要符合《住宅建筑楼梯模数协调标准》(GB/T50100—2001)及防火规范等有关规定。主楼梯的梯段宽度应根据人流股数确定,一般按每股人流宽度为[0.55+(0~0.15)]m计算,并应不少于两股人流。双人1~1.2 m,三人1.5~1.8 m,住宅≥1.1 m,公共建筑≥1.3 m(图3-49)。

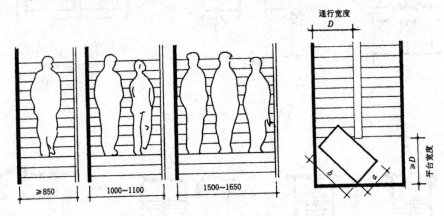

图3-49 楼梯梯段的净宽尺寸

单人通行楼梯必须满足单人携带物品通过的需要,其梯段净宽应≮900 mm。梯段净高(H)一般应大于手接触到顶棚的距离。梯段净高应≮2 200 mm;平台部分净高应≮2 000 mm。H=1 494+819,梯段长度计算公式为L=(n-1)b,踏步尺寸公式为2 h+b=600~630 mm。室内楼梯的栏杆扶手≮900 mm,室外楼梯≮1 050 mm,梯井宽度为60~200 mm,见图3-50~3-52。

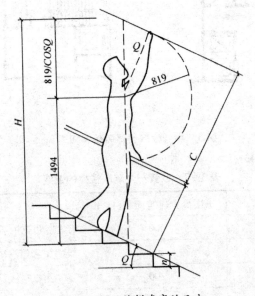

图3-50 楼梯净高的尺寸

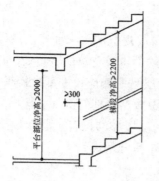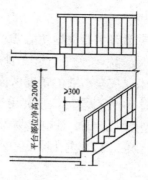

图 3-51 楼梯净高的尺寸

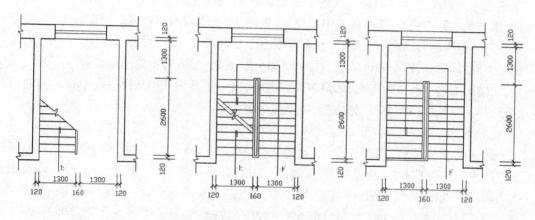

图 3-52 楼梯平面的表达方式

底层平面只有上行梯段,并且平面的剖切位置是在窗台上的位置,因此,到了楼梯梯段位置只能表达出几个踏步;

标准层平面是既有上行梯段,也有下行梯段;

顶层平面只有下行梯段且在楼层平台处需设置栏杆扶手,避免人从楼梯临空处跌落。

综合训练:为3层办公楼设计一部楼梯,楼梯形式为平行双跑楼梯,已知层高3.6 m,试为楼梯确定较为经济的各部分构件尺寸?

楼梯平面设计的基本思路:

水平方向尺寸 = 2 梯段宽(B) + 梯井宽(C) + 墙厚 d_1

垂直方向尺寸 = 梯段长度(L) + 2 平台深度(A_1 或 A_2) + 墙厚 d_2

梯段长度 L = (n-1) × b

踏步尺寸公式 2h + b = 600 ~ 630 mm,表 3-8 为楼梯常用踏步尺寸。

表 3-8 楼梯常用踏步尺寸

名称	住宅	幼儿园	学校办公楼	医院	剧院会堂
踏步高 h(mm)	150 ~ 175	120 ~ 150	140 ~ 160	120 ~ 150	120 ~ 150
踏步宽 b(mm)	260 ~ 300	260 ~ 280	280 ~ 340	300 ~ 350	300 ~ 350

④楼梯的位置

楼梯的位置和数量主要根据功能要求和防火规范的要求而定。主楼梯多安排在各层的过厅、门厅等交通枢纽处或靠近交通枢纽的部位及建筑的转角处，布置应均匀，位置应明显，易于找到；从安全疏散的角度考虑，楼层另一侧应设一部次楼梯；楼梯要考虑利用较差朝向(北向、西向)设置，但是利用楼梯做造型处理时例外。楼梯应尽量做到直接采光，这在中小型建筑设计中是很容易做到的。楼梯的位置也要与使用人流数量相适应，在有裙房的建筑布局中，主楼梯设在公共区，呈开敞式。

⑤造型

楼梯是一种很好的造型要素，是建筑诸多构件中仅有的斜向放置构件，能够在空间中形成一种韵律、变化、动势。双跑楼梯的侧面造型比正面更有结构美，并以第一跑在前，第二跑在后为宜；主楼梯位于中轴线上，表现庄重、严肃的场合应采用正面造型，但是要在第一跑两侧对称设第二跑，且前者宽度不小于后者之和；在设有夹层的大厅中，主楼梯呈旋梯、弧形梯，以全方位的造型展开，呈轻盈、通透之感；起步处理应迎合主要人流方向，以暗示方向上行进的起点，如果布局有困难，也应将开始几步从第一跑中拉出来迎向人流，如用小品(花槽、灯柱、博古架、镂空花格等)。

(3)坡道

坡道用于人流疏散需要安全、迅速的场所，或者有特殊功能要求的场所。它可以满足空间连续性的要求，交通建筑、观演建筑、病房楼、车库等使用较多。一般公共建筑的入口前也常设坡道，作无障碍设计。坡道的缺点是占地面积大，约为楼梯占地面积的4倍，一般坡度为8% ~15%，常用坡度6% ~12%(1:8)，人流集中的场合还需再平缓些。寒冷地区还要考虑在坡道的表面增设防滑措施，如锯齿形防滑条或表面带金刚砂防滑条等。

坡道的表示方法有百分数、角度、比例三种。

(4)自动扶梯

自动扶梯是楼层间连续运输效率最高的载客设备，具有连续不断地运送人流的特点，故多用于交通流量大的建筑中，如车站、码头、地铁、航空港、商场及公共大厅等。

①设计要点

自动扶梯布置在入口合理的交通流线上。一般设在大厅中间，两端应敞开，避免面对墙壁和死角。自动扶梯不计作安全出口，设置自动扶梯的建筑仍需要设置电梯及一般的楼梯作为辅助性的垂直交通设施。

持续输送大量人流，坡度平缓，优选角度为30°及27.3°。若单股人流，梯宽按照810 mm设计，携带物品宽1 000 mm。运送能力约5 000 ~6 000人/小时，运行垂直方向升高速度28 ~38 m/min。可以正逆向运行、交叉设置。各公司自动扶梯尺寸稍有差别，遵照样本进行设计。

②布置形式

自动扶梯的布置形式主要有单向平行、转向交叉、连续排列、集中交叉等，见图3 - 53。

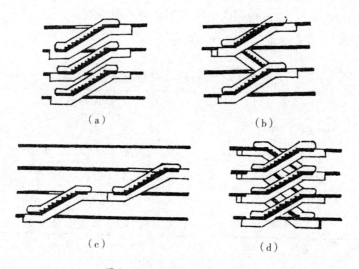

图 3 – 53　自动扶梯的布置形式

③缺点

老弱者使用不便,携带物品不方便。

④防火问题

自动扶梯开口部分的防火方法是设置独立的防火区,主要方法是安装防火门窗并装有水幕、卷帘、封闭屋盖及自动排烟设施等,见图 3 – 54。

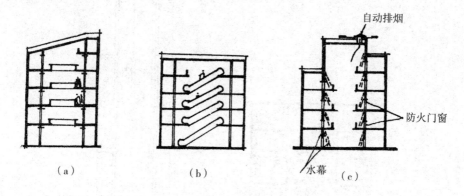

图 3 – 54　自动扶梯开口部分的防火设计

⑤自动扶梯与电梯的区别

自动扶梯具有连续快速疏散大量人流的特点,可随时上下,不用等候;自动扶梯节约空间,不需要像电梯一样在顶部安装机房,底部设置缓冲坑;自动扶梯发生故障时可兼做楼梯使用。

(5)电梯

电梯为楼层间垂直交通运输的快速运载设备,不作为安全出口,必须配备安全疏散楼梯,发生故障时需要使用疏散楼梯作为交通枢纽,电梯占据着交通联系的核心位置。在高层建筑中,电梯更是主要的垂直交通工具。当电梯数量较多时,可以成排布置,单侧排列的电梯不应超过4台,双侧排列的电梯以不超过8台为宜。

①电梯种类及载重量,见表3-9。

表3-9 电梯种类及载重量

种类	载重量/kg	使用功能
乘客电梯	400 630 1 000	运送乘客
病床电梯	2 500	运送病床及医疗救护设备
客货电梯	1 600 2 000	运送乘客及货物,轿厢内装饰可根据用户要求选择
载货电梯	—	运送货物
杂物电梯	—	运送图书、资料、文件、杂物、食品等,且人不许进入

②组成

电梯主要由轿厢、井道和机房三部分组成,见图3-55。

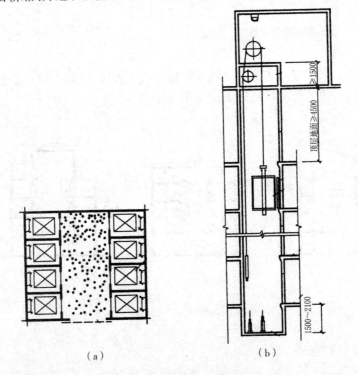

（a） （b）

图3-55 电梯的基本组成

③位置

电梯通常布置在建筑物的交通负荷中心,主要出入口正对楼层居中位置或在其附近,一般设在建筑物中最容易看到的地方,要使用方便,见图3-56、图3-57、图3-58、图3-59、图3-60。此外,为提高运行效率,缩短候梯时间,降低造价,电梯应尽可能集中设置。一般将电梯集中设置在建筑物的中央;在超高层建筑中,电梯台数多、服务层数多,应将电梯分为高层、中层、低层运行组；电梯厅与建筑内主要通道应分隔开，避免人流互相影响。

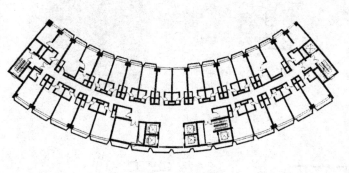

图3-56　单侧核心体形式一

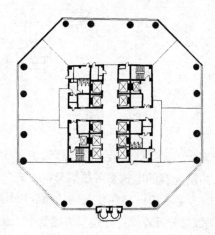

图3-57　中心核心体

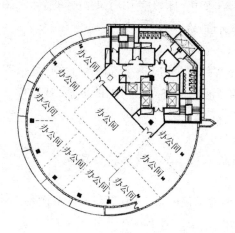

图3-58　单侧核心体形式二

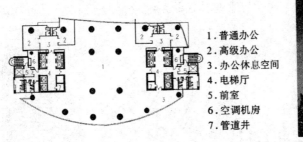

1. 普通办公
2. 高级办公
3. 办公休息空间
4. 电梯厅
5. 前室
6. 空调机房
7. 管道井

图 3-59 双侧核心体

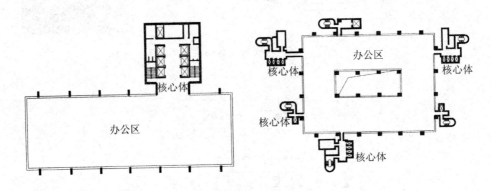

图 3-60 体外核心体

电梯的布置方式有单台、多台单侧排列(四台为极限)和多台双侧排列(超过四台时,分为内凹式、巷道式两种)。另外,高层建筑的电梯服务层的分区方式分为全程服务(10层以下)、分区服务(10层以上)。全程服务是一组电梯在建筑物的每一层均停靠、开门;分区服务一般是在高层办公楼中,采用奇、偶数层分开停靠。在超高层建筑中,常用分区、分段或设置转换厅以接力的方式分区服务。电梯分区的优点是减少了服务层,缩短了往返周期,增大了输送能力;能充分发挥高速电梯的优越性;低、中层上面仍可作为使用面积;电梯的造价往往随着服务层数的增加而提高,一旦做了分区设置则降低造价。

④载人电梯与候梯厅

电梯入口前应设置候梯厅,电梯厅的深度尺寸应不小于轿厢的深度,乘客电梯和病床电梯的候梯厅深度应不小于1.5倍的轿厢深度。多台对列的电梯,其候梯厅深度应不小于2倍的轿厢的深度。

⑤消防电梯

消防电梯是在火灾发生时运送消防人员、消防器材及抢救受伤人员的垂直交通工具。

消防电梯前室是电梯出入口,应考虑有等候的地方,其面积规定应满足下列要求:

住宅建筑不小于4 m^2,与防烟楼梯合用前室,面积应不小于6 m^2;

公共建筑不小于6 m^2,与防烟楼梯合用前室,面积应不小于10 m^2。

另外,消防电梯前室宜靠近外墙设置,在首层应设直通室外的出口或经过不大于

30 m的通道通向室外。客梯或工作电梯可作为消防电梯使用,但应符合消防电梯的要求。

⑥电梯数量确定方法

电梯的设置条件为7层及7层以上的住宅或最高住户入口层楼面距底层室内地面的高度在16 m以上的住宅应设置电梯;7~9层住宅为中高层;12层及以上为高层住宅,每幢楼设置电梯≮2台;在以电梯为主要垂直交通工具的建筑物内或每个服务区内,乘客电梯≮2台。

电梯数量的确定涉及高层建筑性质、建筑面积、层数、层高、各层人数、高峰时期人员集中率、电梯停层方式、载重量、速度和控制系统等多种因素。电梯数量确定的方法有估算法、统计参考法、图表法。

第一种方法 估算法

估算法在建筑设计方案阶段很适用,施工图进一步深入需要借助计算方法作一些调整。高层办公楼的电梯估算标准是按客梯3 000~5 000平方米/部,服务电梯按客梯的1/3~1/4;高层住宅的电梯估算标准是18层以下的高层住宅或每层不超过6户的18层以上的住宅设2部电梯,1部兼作消防电梯;18层以上(高度100 m以内)每层8户和8户以上的住宅设3部电梯,1部兼作消防电梯。

标准:经济型——每一部电梯服务90~100户

常用型——每一部电梯服务60~90户

舒适型——每一部电梯服务30~60户

高层旅馆电梯估算标准是按100间标准间1部客梯,服务电梯按客梯的30%~40%配置。

第二种方法 统计参考法

统计参考法即对已建成实例中规模、层数相当的办公楼进行调研,见表3-10,针对其电梯使用情况加以分析比较,从而确定新设计建筑的电梯规模,包括电梯数量、载重量、电梯速度等。

表3-10 我国高层办公楼电梯规模

建筑名称	地上层数	标准层面积(m²)	客梯部数	电梯载重量(t)	梯速 m/s	消防电梯部数
北京国际金融大厦	20	800	6	1	2.5	1
北京赛特大厦	23	1070	6	1	2.5	1
北京京信大厦	27	1591	8	1	2.5	1
北京发展大厦	20	1901	10	1	2.5	2
深圳国际贸易中心大厦	49	1322	11	1/1.5	3.5/6	1
深圳天安国际大厦	34	2450	10	1	2.5	3
深圳赛格广场	79	1600	8	1.35/1.6	5/4	2

第三种方法　图表法——高层住宅电梯数量,见图3-61。

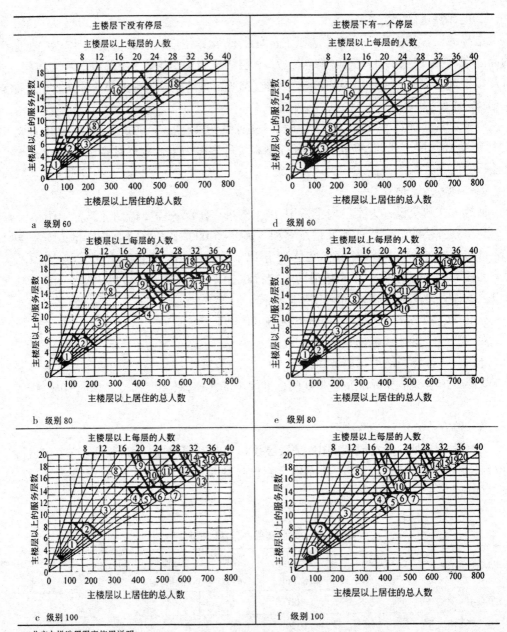

住宅电梯选用图表使用说明:

按主楼层以上居住的总人数或主楼层以上每层的人数找出相应点作垂线,在纵坐标上找出主楼层以上的服务层数,向右作水平线,两线交点所在区域内的圆圈号即为所选配的电梯。圆圈号所代表的电梯台数、载重量和速度如下:

①1×630kg　0.63m/s　②1×630kg　1.0m/s　③1×400kg+1×1000kg　1.0m/s　④1×630kg+1×1000kg　1.0m/s　⑤2×1000kg　1.0m/s　⑥2×400kg+1×1000kg　1.0m/s　⑦2×630kg+1×1000kg　1.0m/s　⑧1×400kg+1×1000kg　1.6m/s　⑨1×630kg+1×1000kg　1.6m/s　⑩2×1000kg　1.6m/s　⑪2×400kg+1×1000kg　1.6m/s　⑫2×630kg+1×1000kg　1.6m/s　⑬1×400kg+2×1000kg　1.6m/s　⑭1×630kg+2×1000kg　1.6m/s　⑮3×1000kg　1.6m/s　⑯1×630kg+1×1000kg　2.5m/s　⑰2×1000kg　2.5m/s　⑱2×630kg+1×1000kg　2.5m/s　⑲1×630kg+2×1000kg　2.5m/s　⑳3×1000kg　2.5m/s

注:左表选自部颁行业标准 JG/T5010—92《住宅电梯的配置与选择》,该标准系等效采用 ISO 419016—1984（E）,较我国当前高层住宅配置的电梯标准高,在实际贯彻中将有一个过渡期

图3-61　高层住宅电梯适用的图表

从电梯的设置条件与数量、位置、布置方式、载人电梯与候梯厅、电梯厅尺寸、消防电梯等方面对上海现代建筑设计大厦(图3-62)进行案例分析、比较。

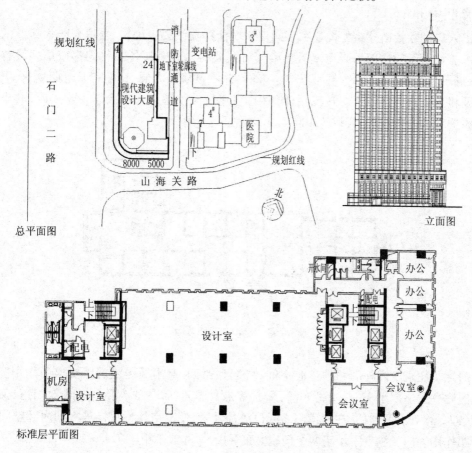

图3-62　上海现代建筑设计大厦

上海现代建筑设计大厦位于上海市静安区石门二路,山海关路口。此大厦为高层办公建筑,总建筑面积3.7万m²。女儿墙顶高97.75 m。一层为大堂,2~8层是可供出租和展示的办公用房,5层设职工餐厅,9~23层为上海现代建筑设计集团设计与办公用房。24层为多功能会议厅,地下室作车库、设备用房等。主楼标准层面积13 111 m²,平面布局将核心体置于长方形平面的南、北两端,包括交通枢纽、服务用房及设备用房,中央留出完整的大空间办公区域,利于提高空间使用效率,方便各种设计人员工作单元的灵活布置,创造体现现代化办公特色的空间。主楼标准层采用矩形平面,柱网为8.1 m×8.2 m,层高3.7 m,采用500 mm高宽扁梁,吊顶净高2.5 m以上。标准层楼板在纵向东、西两边均设置落地的通信地沟,上铺防静电的地盖板,为提高大楼智能化水平创造条件。标准层核心体内布置交通枢纽、服务用房、设备用房,共计6部客梯,1部货梯(兼消防梯),两座独立设置的防烟疏散楼梯,其中一部与消防电梯共用前室。

(6)出入口、门厅及过厅

交通枢纽空间是人流集散、方向转换、空间过渡与衔接的场所,是交通枢纽和空间过渡的一种重要交通空间。

①出入口

建筑的出入口常以门廊、雨篷等形式出现,并与室外平台、台阶、坡道、建筑小品以及绿化结合,既是内外交通要道,又是室内空间的过渡、延续,还起到美化造型的作用。

一般将主要出入口布置在建筑主要构图轴线上,既是内外人流负荷的中心,也是整个建筑立面构图的中心。

出入口的数量由建筑的性质和不同使用功能的流线要求确定,并符合防火疏散的有关要求。如医院门诊部为避免交叉感染,急诊、儿科、妇产科、传染科等都应单独设置出入口,见图3-63,尤其妇产科属于健康人群,并不是病患人群,只是需要定期复查,因此更需要将出入口分开设置。在民用建筑中,当建筑的使用总人数大于100人时,其出入口至少应设两个,总宽度应按每100人0.6 m进行计算。

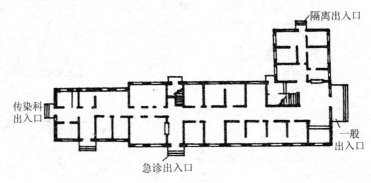

图3-63 门诊部的出入口

门廊是建筑室内外的一种过渡空间,可起到遮阳、避雨及满足观感要求的作用。开敞式门廊一般适用于南方;在北方,门廊通常是封闭式的,一般为挡风间或双门道,又称门斗(即入口处有两道门,在两道门之间设缓冲地带,使冷空气不直接进入到内部空间),起防寒作用。门斗深度不小于两个门扇宽度+0.55 m或不小于2.1 m。

②门厅

门厅是建筑入口处人流集散的交通枢纽,起到接纳人流、分配人流、内外空间过渡等作用;交通空间通常组合在门厅内或门厅附近,有时主楼梯也是门厅的组成部分之一;公共建筑的门厅还往往兼有其他功能,如旅馆中的总服务台、休息厅、问讯处等,医院门诊部的挂号处、收费处、取药处等。其面积大小主要根据使用性质和规模确定,设计时可参考相应类型建筑的面积定额。电影院按照观众所需面积可以分为甲等0.8~0.9 m²、乙等0.7~0.8 m²、丙等0.6~0.7 m²。其门厅及休息厅设计,甲等每座0.4~0.7 m²、乙等每座0.3~0.5 m²、丙等每座0.1~0.3 m²,一般不小于每座0.13 m²。

门厅的布置要注意布局合理,形式多样;流线简捷,导向明确,避免交叉,有目的地引导人流,见图3-64;空间得体,装修适当,环境协调;面积适宜,安全疏散;使用方便,经济有效,见表3-11。另外,只要不是单纯只具有交通功能的门厅,都或多或少地设置一定面积的休息区域,其可作为来往人流的暂时停留处,或者是会客、交谈的地方,或者是在门厅办理业务稍事休息的地方,面积需要保证,可以与各种景观结合,富有情趣。在设计门厅时要注意加强门厅对人流的导向作用,门厅导向设计的目的就在于通过种种设计手法把人流引向所希望的空间,或者为空间的到来建立一种期待感。门厅的引导、暗示可以分为以下基本类型:

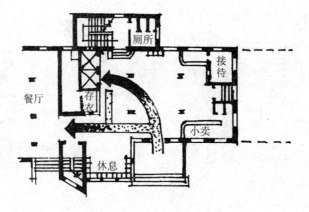

图 3 – 64　北京和平宾馆的门厅

表 3 – 11　部分建筑门厅面积设计参考指标

建筑名称	面积定额	备注
中、小学校	0.06 ~ 0.08 平方米/座	—
食堂	0.08 ~ 0.18 平方米/座	包括小卖部、洗手间
综合医院	11 平方米/日·百人次	包括衣帽间、问讯处
旅馆	0.2 ~ 0.5 平方米/床	—
电影院	甲等 0.5 平方米/每位观众 乙等 0.3 平方米/每位观众 丙等 0.1 平方米/每位观众	门厅、休息厅合计

　　以弯曲的墙面把人流引向某个确定的方向,并暗示另一空间的存在;利用特殊形式的楼梯或特意设置的踏步,暗示上一层空间的存在;利用天花、地面的处理(形成方向性、连续性的图案)暗示前进的方向;利用空间的灵活分隔,暗示另一空间的存在。

　　门厅的布局形式分为对称式及不对称式两种,见图 3 – 65、图 3 – 66a、图 3 – 66b。除了处理好门厅的导向功能外,还应组织好交通流线,尽可能减少人流交叉、干扰。

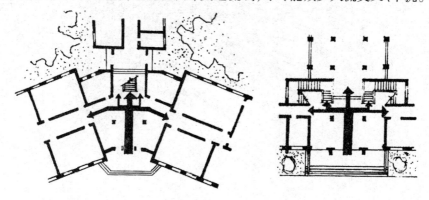

图 3 – 65　对称式门厅

对称式门厅有明显的建筑轴线感,如果起主要交通联系作用的过道或主要楼梯在门厅内沿轴线布置,将会显示出明显的主导方向。

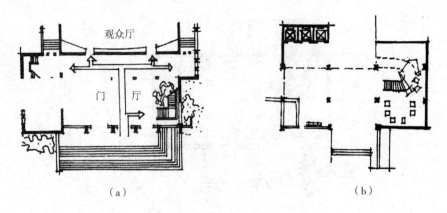

（a）　　　　　　　　　　　　　　　　　　　　　（b）

图 3 - 66a　非对称式门厅平面图

非对称式门厅没有明显的建筑轴线感，有利于各不同使用要求的空间的灵活组合，并使空间形态富于变化，设计时要注意各组成空间的均衡协调。往往需通过走道口门洞大小、墙面透空和装饰处理及踏步引导等方法，使人们易于识别出交通联系的主导方向。

图 3 - 66b　非对称式门厅

门厅的空间组织方式主要有单层式、夹层式和二层式三种处理手法（图 3 - 67）。但是，当今某些建筑的门厅设计与传统设计手法大相径庭，如北京银泰中心（图 3 - 68）的门厅设计颠覆了传统酒店的空间序列。

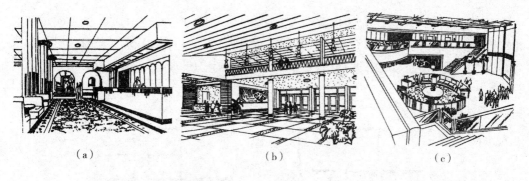

（a） （b） （c）

图3-67 门厅的空间组织方式

单层式是门厅与首层其他房间同高,通常结构简单、空间经济,多用于规模较小的办公楼、学校等建筑;夹层式是当门厅的层高较高时,可在其一面、两面、三面或四面设置夹层来丰富空间的层次,常用于影剧院、会堂、体育馆等类型的建筑;二层式是利用门厅与门廊、过厅相连的特点,有意压低门廊和过厅的空间,形成高低对比,使人们经过门廊和过厅进入大空间的门厅时有豁然开朗之感。

图3-68 北京银泰中心

北京银泰中心三个塔楼和CCTV大楼很近,周围的标志性建筑很多,是北京中央商务区核心地带,北京中央商务区总共3.99平方公里,是财富500强聚集地,是北京经济的中心。该建筑感受不到地域差别及北京的文化。三栋大楼,裙房5层,约35万 m²(主楼面积4万 m²左右)。其显著特点是颠覆了传统酒店空间的序列:酒店下部为几层公寓,中间为五星级酒店,上部是21套豪华公寓,最上部是酒店大堂、裙房和商场。酒吧休闲娱乐室上移。平面为方形,从结构、空间布置方面来看经济性较高。采用"中国灯笼"象征手法,抽象、谦卑的手法更具有亲和力,形象上考虑了地域条件。将登记处、康乐设施放入灯笼中。内庭院的"品"字形布局,解决了人流集散问题,还原了城市空间。

③过厅

过厅是过道的交汇处,是再次分配人流、缓冲与过渡的空间,它多在几个方向过道的相接处、转角处,并和楼梯结合设置。过厅或设计在过道与使用人数较多的大房间相接处,或设计在门厅与大厅之间或大厅与大厅之间,作为联系两个大空间的纽带,见图3-69。

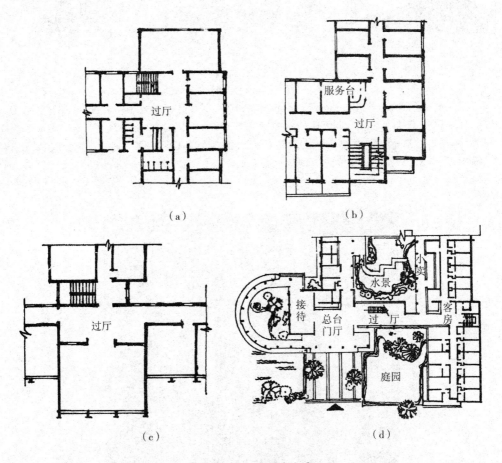

(a)　　　　　　　　　　(b)

(c)　　　　　　　　　　(d)

图3-69　过厅的位置

(a)位于人流交汇处,过厅在走道转向、房屋转角处,起到人流再次分配的作用;(b)位于人流交汇处,过厅设有服务台,增加了其使用功能;(c)位于大空间与走道联系处,这种过厅有利于疏散大空间中的人流,避免在走道上造成拥堵;(d)位于两个使用空间之间,这种过厅与客房联系起来,兼有楼梯间、休息廊的作用,且过厅与庭园结合得也较好。

(7)中庭

中庭是指设在建筑内部的带有玻璃顶盖可以天然采光的内部庭园。中庭内常设有楼梯、透明电梯、自动扶梯等垂直交通工具,是整个建筑的交通枢纽空间,同时又可作为人们交往、观赏、休息的共享空间。围绕中庭往往布置公共活动用房,如餐厅、商店、酒吧、咖啡厅、茶座等。

①中庭的由来

实际上,中庭是一个古老的概念。希腊人很早就学会利用露天庭院(天井)来改善空间,罗马人后来加以改进,在天井上部盖上屋顶,形成大空间。古罗马的住宅,从街道进入住宅之前,首先有采光的入口大厅,这里就叫作中庭。贵族阶级的住宅,往里有周围是柱廊的庭院,中庭是接待客人的空间,左右两侧有客人用的寝室和谈话室,里面的中庭是主人的家族空间,中庭周围有起居室、寝室、食堂、厨房等空间。

②现代中庭及其特点

中庭叫法不一,有的称为"用玻璃覆盖的大型空间"或"充满阳光、水和绿色的人造环境",也有的称为"四季厅"或"共享空间"。现代建筑的中庭设计是从用玻璃覆盖住宅的中央庭院或商业街开始的,其目的是防风、雨和抵御寒冷气候。阳光透过玻璃进入中庭,温暖了内部空间,而温暖的空气却不会外流,使室内保持恒温。四周墙体所包围的巨大空间形成一种团聚的气氛,给人安全感和整体感的效果,见图 3 - 70。

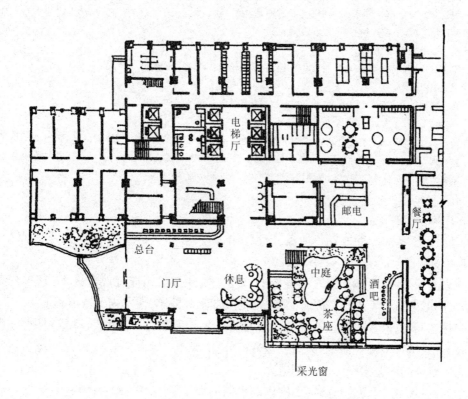

图 3 - 70 上海某宾馆的中庭空间

③中庭的空间属性及类型

从城市设计和旧城改造出发,中庭空间表现出以下属性特征:城市化中庭、多用途中心中庭、共享空间中庭、旧城建筑保护的加建中庭、独立中庭、商业中庭等。

中庭按照其空间方位及与母体建筑的相对位置关系通常可分为封闭型中庭、贴边型中庭、线型中庭、并联型中庭和分段型中庭五个大空间类型,见图 3 - 71。

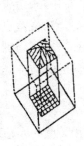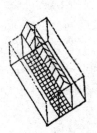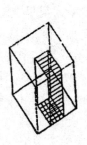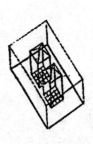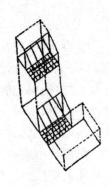

图 3-71　中庭的形式

封闭型中庭

所有中庭的侧面都不直接对外,平面形状可以为任何形式。这是最常见的基本形式,国内已建的中庭建筑大多数属于该类。

线型中庭

两长向侧面为建筑所围。此类型一般用作商业中庭。线型中庭由于长度方向视线与空间景物的变化处理,常可以获得十分丰富的空间艺术效果。

贴边型中庭

至少有一侧面直接对外,对外面可以直接提供室外景观、自然光和太阳能。

并联型中庭

在一幢建筑中布置两个以上,彼此有交通联系又各自服务一个区域的中庭。

分段型中庭

随着现代建筑功能日益综合,以至于无法用集中式空间解决复杂的内外空间联系的情况下产生的中庭类型。分段型中庭是只限于建筑局部区域的中庭。其一般用途有:在高层建筑中,作为某层服务的中庭;在新老建筑结合拼整中,作为过渡的中庭;在建筑综合体中,作为非联系的独立中庭。

④中庭基本特点

中庭在欧美、亚洲等世界各地被广泛应用,虽形式和风格各异,但其基本特点是:在建筑物内部,中庭上下贯通多层的空间。

中庭起到防风、雨和抵御寒冷气候的作用。使外部阳光透过玻璃进入中庭,充满内部空间,同时也温暖了内部空间,而温暖的空气却不会外流,使室内保持恒温。

中庭空间部分,其用途是不特定的。大型中庭空间可以用于集会,举行音乐会、舞会等各种演出,进行电视直播,作为商业步行街等。

⑤中庭空间的艺术魅力在于创造

中庭的巨大空间为建筑师在中庭内的再创造提供了广阔的舞台,中庭也必然是建筑师进行周密构思和重点处理的空间,其艺术创意在于:

根据人的心理需要来创造相应的空间环境。在人的生活中,需要有相对变化的不同环境,这种环境变化越有特色,就越能吸引人。

室内外结合,自然与人工相结合。社会愈高度发达,自然便显得更珍贵,人工材料愈多,天然材料更觉宝贵。经常在现代化餐厅用餐的人,觉得野餐更有味道。人们对自然的偏爱是天生的,在发达社会中显得更突出,中庭设置较大规模的树木花草、水池、喷泉,使人觉得与自然更为接近,在这里可以得到自然的陶冶和美的享受。

共性中有个性。人有共同生活的愿望和习惯,但同时也需要有个人的活动,需要私密感。在不同的情况下,可以找到适合于自己的空间环境,共享空间中布置了多种环境,如小岛可作为集体也可作为个人来享用。

空间与时间的变化,静中有动。完全静止的空间,不会有生气,经常处于动感中也会感到烦恼,透明电梯的徐徐升降,潺潺流水,空间多种形态的变化,光线、照明的变幻都使建筑具有动感,塑造了多层次的充满活力和生机的空间。

宏伟与亲切相结合。中庭的巨大空间并不使人望而生畏,在那里有很多小品的点缀和绿化,大空间又包含小空间,从而使人感到既宏伟又亲切,可谓壮美和柔美相结合。

3.3　多个空间的功能分析与组织

单一空间的功能是建筑整体功能的基本细胞,大部分建筑是由不同功能的单一空间组合而成的。但是,不同的单一空间又不是彼此孤立的,必须按照一定的原则建立合理的秩序和结构层次,方能使建筑充分发挥其使用效果,形成良好的运行机制,这一点与建筑功能的整体组织密切相关。因此,多个空间的功能关系及其组织结构比单一空间的功能问题更为重要。公共建筑的核心问题主要包括功能分区、人流组织与疏散、空间组成及室内外环境的联系。

3.3.1　功能组织的三大基本要素

在公共建筑中,尽管不同建筑的使用性质、组成类型和功能构成多种多样,各不相同,但其构成要素仍有共同的特点。按照不同空间与建筑使用目标的关系,各类建筑的功能组织可以概括为三大部分,即主要使用部分、次要使用部分(或称辅助使用部分)及交通联系部分,这是一个共性、普遍的规律。在设计方案时,应首先抓住这三部分的关系,其他矛盾会随着方案的深入逐步展开,这种逐步展开分析的方法,以不失掉大的关系的完整性为准则。

3.3.1.1　空间类型分析

公共建筑空间的使用性质与组成种类虽然繁多,但在结构组成及功能使用方面仍然存在着许多共同的特点。就其结构组成来讲,不同用途的各类型建筑都是由主要使用部分、辅助使用部分和交通联系部分组成的。设计时首先要抓住这三部分的关系进行排列组合,逐一解决各种矛盾问题以求得功能关系的合理性,只有这三部分的关系呈现出最为合理的排列,才是最优方案。在这三部分的构成关系中,交通联系部分的配置往往起着关键性的作用。某大学图书馆(图3 – 72)属于主要使用空间的是阅览室、目录室、馆长室、会议室等部分。

对公共建筑进行空间类型分析,每一类公共建筑都可以划分出三种空间类型,见表3 – 12。

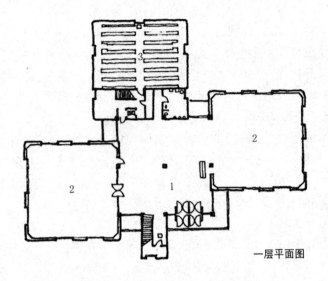

一层平面图

1—大厅
2—阅览
3—书库
4—办公
5—馆长
6—会议

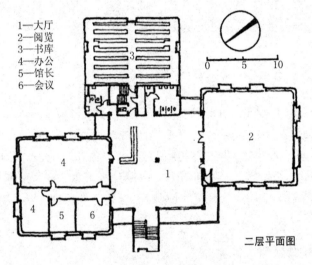

0   5   10

二层平面图

图 3-72　某图书馆平面图

(1)主要使用部分

建筑物往往有很多不同的用途,因此有各种类型的房间。主要使用部分是指在建筑中处于主导地位,直接体现建筑功能要求的生产、生活和工作用房,是与建筑使用目标直接对应的部分,对主要使用人群的工作及生活起到支撑作用的空间。主要空间是决定建筑功能性质的重要部分,设计时要考虑其大小、比例、净高、朝向、通风、景观、交通等问题。

概括起来主要使用部分包括生活用的房间(如客房、卧室及宿舍等)、一般的工作学习房间(如医院的病房、诊室,学校的教室、实验室、行政办公室,文化中心的小型活动室、图书室、阅览室、报告厅等)及公共活动用的多功能厅和各种文娱活动室(如商业建筑的营业厅,剧院的舞台、观众厅及休息厅等)。前两者要求安静,有较好的朝向,少干扰等环境;后者人流集中、进出频繁、疏散问题突出。

表 3 - 12　公共建筑的空间类型分析

建筑类型		空　间　组　成
中学	主要使用部分	教室　实验室　备课室　行政办公室　休息室
	次要使用部分	厕所　贮藏室
	交通联系部分	走道　门厅　过厅　楼梯
幼儿园	主要使用部分	活动室　卧室　餐厅　音体室　行政办公室
	次要使用部分	厕所　盥洗室　衣帽间　厨房
	交通联系部分	门厅　走廊　楼梯
加油站	主要使用部分	加油棚　办理业务的营业厅
	次要使用部分	休息室　盥洗室　贮藏室
餐厅	主要使用部分	餐厅　小卖部
	次要使用部分	厨房(包括主副食加工室、库房、备餐间、休息室等)
	交通联系部分	门厅　走道
宾馆	主要使用部分	休息厅　餐厅　宴会厅
	次要使用部分	卫生间　厨房　小卖部　办公室
	交通联系部分	电梯厅　楼梯间　走廊　门厅
电影院	主要使用部分	观众厅　舞台
	次要使用部分	放映室　售票室　办公室　厕所　锅炉房
	交通联系部分	前厅　楼梯间
图书馆	主要使用部分	阅览室　目录室　陈列厅　缩微图书室　电脑室　演讲厅　期刊室
	次要使用部分	管理办公室　出纳室　借书处　书库
	交通联系部分	通道　走廊　过厅　门厅　楼梯

（2）辅助使用部分

辅助使用部分(也称次要使用部分)是指处于次要地位,为保证建筑基本使用目的而设置的辅助房间及设备用房,是间接为人服务的空间。其内容包括:

其一,一般建筑物都要配置的公共服务房间,如卫生间、盥洗室、管理间、贮藏室等。

其二,直接为主要使用部分的配套内容,如剧院中的售票室、放映室、化妆室,体育类建筑中运动员的服务房间(更衣室、淋浴室、按摩室等)。

其三,内部工作人员使用的房间,如办公室、库房、工作人员厕所等。

其四,保证建筑按照一定标准正常运转而配置的设备用房,如锅炉房、通风机房及冷气间等。

（3）交通联系部分

交通联系部分是指为联系上述两部分及供人、货来往的部分,包括门厅、走道、楼梯、中庭、过厅等。交通联系部分一般可以划分为水平交通联系空间、垂直交通联系空间、枢纽交通联系空间等,见图 3 –73、图 3 –74a、图 3 –74b、图 3 –75。

图 3 –73　哈尔滨某大学的商务学院教学楼方案

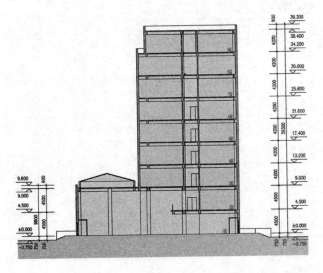

图 3 –74a　哈尔滨某大学的商务学院教学楼方案剖面一

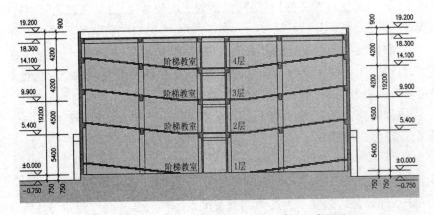

图 3 –74b　哈尔滨某大学的商务学院教学楼方案剖面二

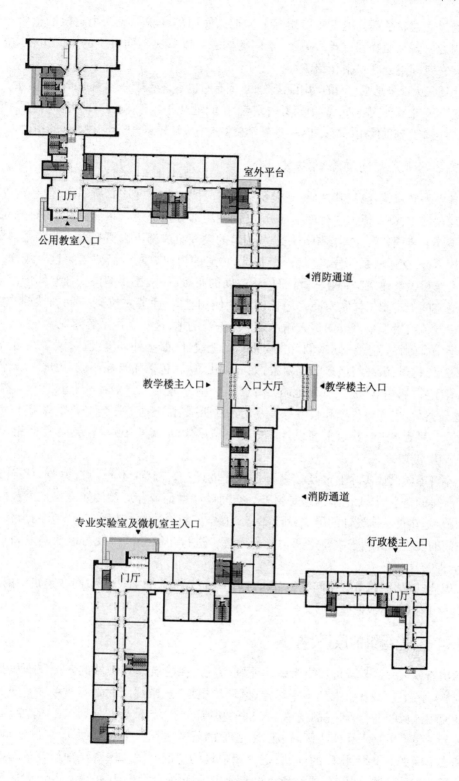

图 3-75　哈尔滨某大学的商务学院教学楼方案平面图

通过交通联系部分把主要使用部分和辅助使用部分联系成一个有机的整体。建筑空间组合主要是摆好这三者的关系,不同的摆法可以形成不同特点的空间组合方式,这一点将在空间组合方式中介绍。

上述三大部分是按它们的功用而划分的,但有时也不是绝对的,常常彼此寓于其中。如门诊的走道,一般除作交通外,常兼候诊区;剧院的门厅也用于休息;厨房有时可算为主要使用部分,有时也作为辅助使用部分;国外一些新学校将走道设计较宽,兼起交往大厅的用途。

3.3.1.2 研究空间类型的意义

各类公共建筑,虽然其性质、规模及空间组成的复杂程度均有所不同,但是在进行空间布局设计时,都要抓住主要使用部分、辅助使用部分及交通联系部分这三部分的关系,组成不同的合理方案。一定要记住公共建筑的空间组成都可以概括为主要使用部分、辅助使用部分、交通联系部分,这是一个共性、普遍的规律。同学们要了解这个规律,设计时就有章可循。建筑是否好用,除了使用空间的布置以外,还要考虑交通空间的配合,水平交通空间如走廊怎样联系同一层楼的不同使用空间,垂直的交通空间如楼梯、电梯等如何引导流线沿着垂直方向将人输送到不同的目的地,这一点也不容忽视。

通常拿到设计任务,同学们首先要进行场地设计,即室外环境设计,做多方面因素的统筹考虑、构思,最终将诸多限定要素,如分清几条线(包括建筑控制线、用地红线等)、现状原有条件(古树、陡坡)、气候地质条件(风向、南北方等)、景观视线、道路停车、绿化小品、建筑落位、出入口位置和数量等。一切条件明确后,在所有限定条件的基础上进行单体设计。然后再进行建筑平面设计。如果不了解空间,就会在功能分区、空间组织等设计环节出差错。

建筑单体设计实际上也是在进行建筑环境设计。因为,不管什么类型的设计,最终我们获得的是空间,无论室内还是室外。空间设计得是否合理及功能需要是否获得满足等问题,是建筑单体设计的平面设计部分。在空间组合、划分时要以主要空间为核心,次要空间的安排要有利于主要空间功能的发挥。进行功能分区时便可以明确空间主次关系、合理安排。

因此,同学们要学会空间类型分析,这一点很重要。只有明确空间在建筑中的地位、性质,才可以准确地把握设计。

3.3.2 功能组织的原则、方法

功能分区就是要清楚功能组织的原则、方法,在建筑设计领域的多个层面里都涉及此问题(小到一个空间,大到一个场地、区域的规划)。微观层面是指对单一空间的不同功能使用区域的划分,研究的是单一空间的功能问题。如设计餐厅时,在一个空间中,学生要分清楚哪里是小品趣味区域、雅座、普通的就餐区域。中观层面研究的是单体设计的诸多空间如何组织、排序的问题,是一幢建筑的功能问题。宏观层面研究的是单体建筑的场地设计问题,如何安排各场地组成要素的问题。当然,还可能涉及一个区域的功能分区的设计,如黑龙江省某高校的校区详规设计,能清晰地看到校园功能分区的脉络关系,有教学区、生活区、教辅区、运动场地及休闲娱乐区等,见图 3 – 76、图 3 – 77、图

3-78。此外,一座城市可以划分为商业区、生活区、行政办公区等。设计时思路要清晰,学生要建立正确的功能分区概念、意识,这一点至关重要。

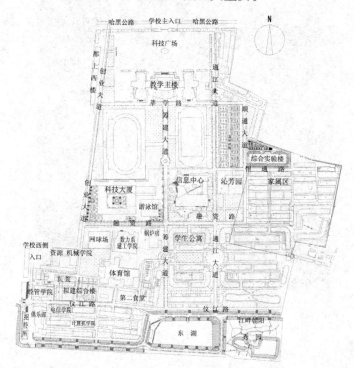

图3-76 黑龙江省某高校校区规划图

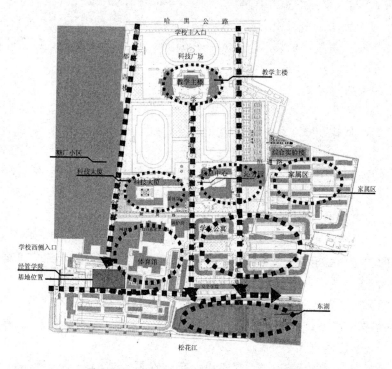

图3-77 黑龙江省某高校校区功能关系图

图 3-78　校区场地功能分区关系

3.3.2.1　使用程序

　　无论是城市规划、单体的室外环境设计、建筑单体设计都要进行功能分区,且要遵循功能分区的原则及方法。建筑使用者及设施的使用程序或工艺流程对建筑平面布局、空间组织乃至造型都具有重要的影响。功能组织设计的首要原则是满足合理的使用程序要求。

　　(1)功能关系图的定义

　　在设计前期,深入了解设计对象的使用程序,是设计的必要前提。为清晰表示建筑内部的使用关系,常用功能关系图(又称泡泡图)来表示。

　　功能关系图是建筑师在建筑设计过程中进行功能分析的有效手段,它表述了建筑中功能单元之间的流程关系和分区关系,不等同于平面图,它表述或暗示了各功能单元之间合理的空间位序,据此可以引导出合理的平面布局和空间组织结构。

　　(2)功能关系图的绘制方法

　　功能关系图的功能一方面是可以进行全面的、系统的、周密的、深入的并联式思考;第二个方面的功能是由于其信息量大,可以把想到的问题全部罗列出来。列框图是最理性、最忠实的方法。

　　绘制功能关系图先要确定气泡图的核心及彼此之间的关系,主要分为密切和一般的关系、单链和多链的联系;应该有一个主流通轴的概念,表示清楚哪进哪出;气泡大小及比例关系可以表示房间的大小关系。

　　工业建筑都有一定的生产工艺,建筑设计必须根据工艺的安排进行建筑平面布局。

建筑平面布局要与使用程序相适应,不能与之发生冲突。当然,气泡图可以表达成不同的形式,如幼儿园的气泡图可以表达为图 3 - 79、图 3 - 80 两种形式。

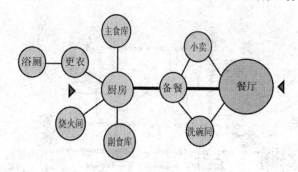

图 3 - 79　幼儿园功能关系图——气泡图

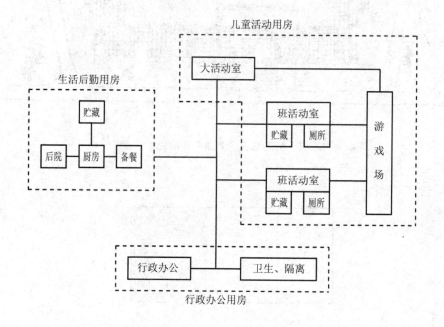

图 3 - 80　幼儿园功能关系图——气泡图

建筑内部使用程序不仅影响平面布局方式,也影响着空间的安排及出入口设置等。如影剧院一般观众看戏或看电影经历着从"售票—检票—等候—进场就座—观看—退场"的活动程序。售票厅、门厅、观众厅、舞台及楼梯等布局就要按照这一使用程序来安排,一般采用"门厅—观众厅—舞台"的三进式布置,且把进场和退场分开。各类建筑在使用中都有自己的使用流程,这里不再一一赘述,设计者只要深入调查研究是完全可以了解的。如餐饮建筑的功能关系图(图 3 - 81、图 3 - 82)也存在着一定的使用程序关系。

在不同类型建筑的功能关系图中,都可以表示出该建筑的不同功能分区关系、流线组织关系、出入口的数量及位置、不同功能分区与出入口的相对位置关系等。

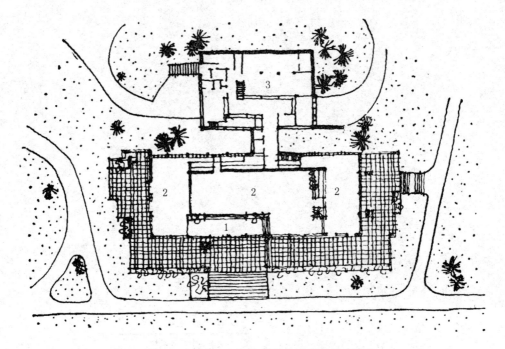

图 3 - 81　罗马尼亚多英亚餐厅功能关系图

1. 门厅　2. 餐厅　3. 厨房

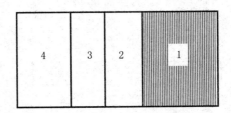

图 3 - 82　食堂的功能关系图

1. 餐厅　2. 备餐　3. 厨房　4. 库房

3.3.2.2　功能分区的目的、步骤、原则

功能分区是将空间按照不同功能要求进行分类,并根据它们之间联系的密切程度加以组合、划分。每一划分应做到功能分区明确和联系方便。同时,还应对其中的主与次、内与外、闹与静等方面加以分析,使具有不同功能要求的空间都能得到合理的安排。

（1）功能分区的定义

从场地设计的层面来讲,功能分区是指根据建设项目的性质、使用功能、交通运输联系、防火和卫生要求等,将性质相同、功能相近、联系密切和对环境要求一致的建筑物、构筑物及设施分成若干组,再结合用地内外的具体条件,合理地进行分区,在各区中布置相应的建筑和设施。

从建筑单体设计的层面来说,功能分区是指在设计各类公共建筑时,在功能关系与房间的组成比较复杂的条件下,在研究了它们的使用程序和功能关系后,根据各部分不同的功能要求,各部分联系的密切程度及相互的影响,把它们分成若干相对独立的区或组,进行合理的大块的设计组合,以解决平面布局中大的功能关系问题,使建筑布局分区明确,使用方便、合理,保证必要的联系和分隔。

(2)功能分区的目的

建立空间的秩序和线索,使不同功能空间得到合理安排,获得合理的空间布局。联系密切的部分须靠近布置,达到使用方便;对有干扰的部分应适当分隔,区分不同性质的空间,保证卫生隔离或安全条件,创造安静、舒适的建筑环境。

(3)功能分区的步骤

第一步分类,将空间按照不同的功能要求、空间特点与性质进行分类;

第二步分区,分析彼此之间的密切程度,然后加以划分、排列、布置;

第三步表达,绘制建筑功能组织关系——气泡图。

一般为了更清楚、更简明地表示建筑物内部的使用关系,常以一种简明的分析图表示,通常称之为功能关系图。气泡图是功能流程组织关系的示意图,它是功能分析的一种手段,不仅表示使用程序,也表示各部分在平面布局中的位置及相互关系,同时也告诉我们功能分区的内容。在某种情况下,根据分析图就可以提出建筑平面的方案。

一般工矿企业的食堂是由种种不同用途的房间组合起来的,有供职工用餐的饭厅,主、副食蒸煮加工的厨房、备餐间、储存室,主、副食用的仓库及其他辅助房间。这些房间虽有不同用途,但在使用中总是按一定流程联系起来的。用餐者用餐的程序一般是"取碗筷—买饭菜(备餐处)—就餐(桌位)—洗涤—存放餐具"。厨房内的操作也有它的流程,并且主食和副食是互不相同而分开进行的,以副食而言,就有"储存(库房)—粗加工—细加工—洗涤—烹调—配餐"的程序。这些都是在设计食堂时必须考虑并应予以满足的使用程序,餐厅和厨房、备餐的布局就要按照这些程序来安排。

(4)功能分区的原则

①分区明确,联系方便,按主次、洁污关系合理安排

"主"与"次"是指任何一类公共建筑的组成都是由主和辅两部分组成的。主要使用部分是为公众直接使用的部分,辅助使用部分包括附属及服务用房。在进行空间布局时必须考虑各类空间使用性质的差别,将主要使用部分与辅助使用部分合理地进行分区。

按照"主"与"次"进行功能分区的设计方法:主要使用部分应布置在较好的区段,靠近主要入口,保证良好的朝向、采光、通风及景观、环境条件等;辅助或附属部分可以放在较次要的区段,朝向、采光、通风等条件可以差一些,并设单独的服务入口,从而明确空间的主次关系。

学校的教室、实验室,应是主要的使用房间,其余的办公室、管理室、库房及厕所等均属于次要部分。所以安排位置时,应把教室等主要房间考虑设置在朝向好、较安静的位置,以取得较好的日照、采光及通风条件。从北京天桥菜市场平面功能分区布局(图 3 - 83)可以看出建筑的主次关系。

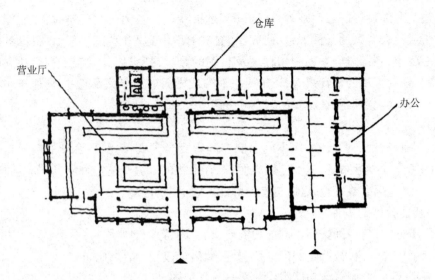

图 3 – 83 北京天桥菜市场平面功能分区布局

公共建筑中某些辅助或附属用房(如厨房、锅炉房、洗衣房等),在使用过程中会产生气味、烟灰、污物及垃圾等,必然要影响主要使用房间,在保证必要联系的条件下,要使二者之间相互隔离以免影响到主要工作房间的正常使用。通常,"污"区要置于常年主导风向的下风向或设于后院,且注意避开公共人流的主要交通线;此外,这些房间一般比较凌乱,也不宜放在建筑物的主要方向,避免影响建筑物的整洁和美观;常以前后分区为多,少数可以置于建筑的最高层或不临街建筑的底层。"清"与"污"的问题尤以医院最为突出,除了上述附属用房有污染物要与病区相分离外,病区又有传染病区和一般病区之别,二者也要隔离布置,且要将传染病区置于下风向。医院的放射科和非放射科要相分离,同位素科因有放射性物质伤害人体健康也要与一般治疗室、诊室相分开,最好独立设置,相距大于 50 ~ 100 m。可以放在大楼的顶层,对一般病人伤害少且同位素的路线也要与病人路线分开。

②空间组合、划分时以主要空间为核心,次要空间的安排要有利于主要空间功能的发挥

对待"主"与"辅"的关系要辩证地分析,有时二者是难以分开的,常常是某些辅助用房寓于主要使用部分之中。这也告诉我们,功能分区要与使用程序结合起来考虑,分区布置也要保证功能序列的连贯性。次要用房的设计应从全局出发,合理布置。从某种意义上说,主要使用空间能否充分发挥作用与次要使用空间的配置是否妥当有着不可分割的关系,如旅馆建筑的设计,见图 3 – 84、图 3 – 85。

③根据实际使用要求,按人流活动顺序安排位置

在使用程序上位于前位及根据人流活动的需要,即使是辅助用房也应该按照序列布置在方便、通达之处,如影剧院的售票室、行政办公建筑的传达室、展览建筑的门卫室等。这些用房在使用功能上属次要使用部分,它们的主要使用空间应该是观众厅和陈列室等,但是从人流活动的需要上看,售票室、传达室及门卫室等虽然是次要用房,但对外性

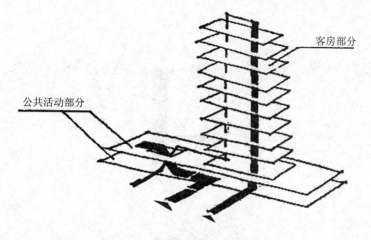

图 3 – 84 旅馆建筑的功能分区图

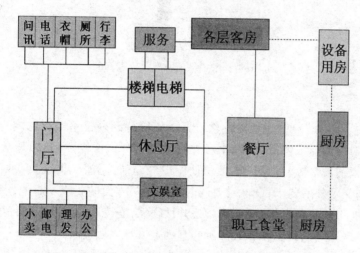

图 3 – 85 旅馆建筑的功能关系图

强,在使用程序上居于前位,按照使用序列的连贯性,应该安排在明显易找的位置,不能置于次要隐蔽的位置。因此,辅助用房的位置也并非随意安排的,而应设置在公众能方便通达之处。

④对外联系密切的空间要靠近交通枢纽,内部使用空间要相对隐蔽

在进行空间组合时,必须考虑"内"与"外"的功能分区,见图 3 – 86。公共建筑物中的各种使用空间,有的人流对外性强,直接为公众使用,如观众厅、陈列室、营业厅、讲演厅等,其应布置在主入口或交通枢纽附近,或直接设置对外出入口;对内性强的使用空间则应尽量布置在较隐蔽的位置,使之靠近内部交通区域,并注意避免公共人流穿越而影响内部人员的工作,如内部办公室、仓库及附属服务用房等。

沿街商店的营业厅是主要使用房间,对外性强,应该临街布置,库房、办公室属于辅助、对内性的用房,不宜将它们临街布置或安排在顾客容易穿行的地方。

展览建筑中陈列室是主要使用房间,对外性强,尤其是专题陈列室、外宾接待室及讲演厅等一般都靠近门厅布置,而库房、办公室等则属对内的辅助用房,不应布置在明显的

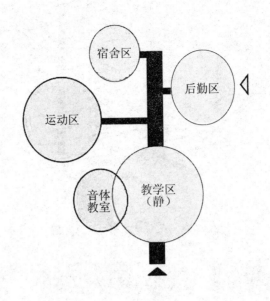

图 3-86　学校建筑的内外功能关系图

地位。

　　当然,"内"与"外"有时也不能绝然分开。供接待的办公室兼有对内、对外的双重属性,主要应按对外的要求来设计,以便对外接待。还有一种情况,有的观众大厅(如讲演厅、小学校的大活动室等)除了供本单位使用以外,有时还需外借或直接对外开放,这也是一种既对内又对外的要求,设计时要同时满足这两方面的要求。有的用房虽然是直接为公众服务的,但从管理考虑,又不希望公共性很强,需按对内的要求设计。

　　⑤空间的联系与隔离要在深入分析的基础上恰当地处理

　　设计各类公共建筑时,就各部分相互关系而言,有的联系密切,有的次之,有的没有关系,有的有干扰,有的没有干扰。设计者必须根据具体的情况具体分析,有区别地对待和处理。

　　平面设计中要认真分析各使用部分的"闹"、"静"特点,对于使用中联系密切的要靠近布置,对于有干扰的(声响、气味及烟尘等)要适当分隔,尽量隔离布置。各类建筑物功能分区中联系和分隔的要求是不同的,在设计中要根据它们使用中的功能关系来考虑。如中小学校教学楼设计,见图 3-87~图 3-89,要注意处理"闹"与"静"的关系。托幼建筑设计要注意隔离的处理关系,见图 3-90、图 3-91。

　　在分区布置中,为了创造较好的卫生或安全条件,避免各部分在使用过程中造成相互干扰,及为了满足某些特殊要求,在平面空间组合、功能分区时常需要较好地解决闹与静、密切与隔离等问题。

　　⑥根据空间大小、高低来分区,尽量将同样高度、大小相近的空间布置在一起。

　　⑦根据各部分的建筑标准来分区,不宜将标准相差很大的用房混合布置在一起。

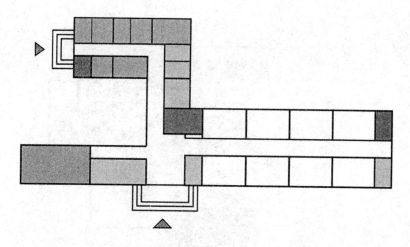

图 3 - 87 门厅隔开

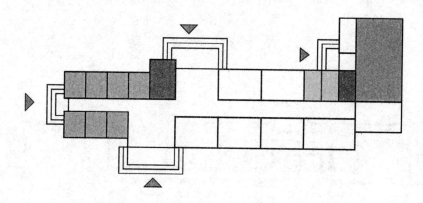

图 3 - 88 尽端设置

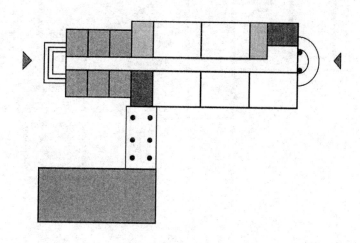

图 3 - 89 教学楼外设置

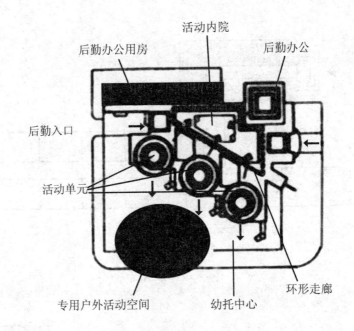

图 3 - 90 幼儿园建筑的功能分析图

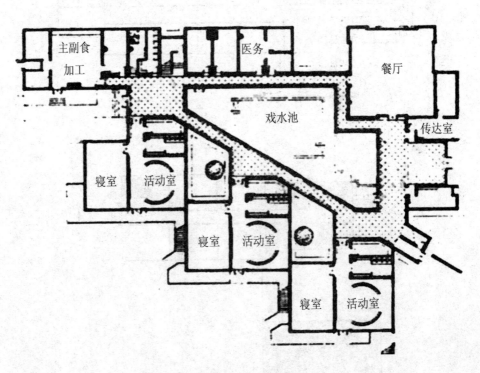

图 3 - 91 幼儿园建筑的平面图

有的附属用房可能采用简易的混合结构,我们就不必把它们布置在框架结构的主体中。

当然,上述的分区都是相对的,彼此不仅有分隔而且又相互联系,设计时需要仔细研究、合理安排。

（5）功能分区的方式

①分散分区

分散分区是指将功能要求不同的各部分用房,分别布置在几个不同的单幢建筑物中。其优点是达到完全分区的目的,缺点是导致联系的不便。因此,在这种情况下,要很好地解决相互联系的问题,常加建连廊相连接,见图3－92、图3－93、图3－94a、图3－94b。

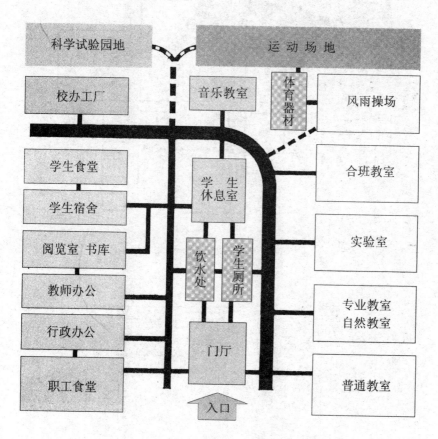

图3－92　学校首层平面空间构成示意图

②集中分区

集中分区可以分为水平分区和垂直分区两种。

水平分区,即将功能要求不同的各部分用房集中布置在同一幢建筑的不同区域,各组取水平方向的联系或分隔,但要联系方便,平面外形不要搞得太复杂,保证必要的分隔,避免相互影响,主要方法有:

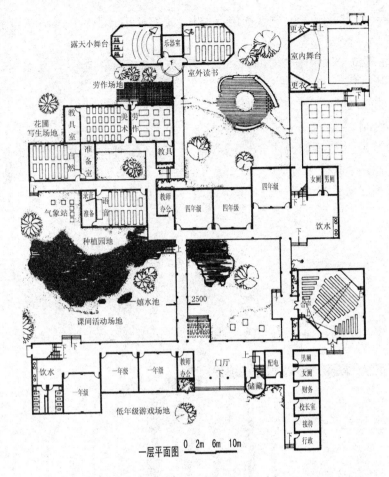

图 3-93　某十八班中学方案平面图

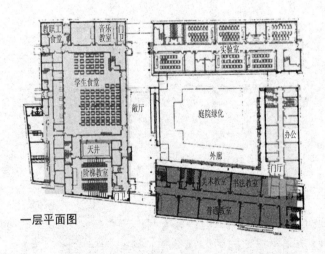

图 3-94a　北京市兴涛中学一层平面图

图 3－94b　北京市兴涛中学

　　一是将主要的、对外性强的、使用频繁的或人流量较大的用房布置在前部,靠近入口的中心地带;

　　二是将辅助的、对内性强的、人流量少的或要求安静的用房布置在后部或一侧,离入口远一点,也可以利用内院,设置中间带等方式作为分隔的手段。

　　垂直分区,即将功能要求不同的各部分用房集中布置于同一幢建筑的不同层上,以垂直方向进行联系或分隔,但要注意分层布置的合理性,注意各层房间的数量、面积大小的均衡及结构的合理性,并使垂直交通与水平交通组织得紧凑一些。分层布置的原则一般是根据使用活动的要求,不同使用对象的特点及空间大小等因素来综合考虑。

　　如中小学教学楼的设计,可以按照不同年级来分层,高年级教室布置在上层,低年级教室则应布置在底层。多层百货商店的设计,应将销售量大的日用百货及大件笨重的商品如自行车、缝纫机、电器等置于底层,其他的如纺织品、文化用品、服装等则可置于上面各层。

　　上述方法还应按建筑规模、用地大小、地形及规划要求等外界因素来决定。在实际工作中,往往是相互结合运用的,既有水平的分区,也有垂直的分区。

3.3.3 公共建筑的流线设计及厅堂设计

建筑物失火后,面临的首要问题是被困人员能否及时、顺利地到达地面的安全区域。在20世纪90年代的10年里,我国发生一次死亡30人以上的火灾17起,死亡人数达1 772,平均每起死亡93人。对国内外大量群死群伤火灾事故的统计分析表明,80%以上的火灾事故是因为没有可靠的安全疏散设施或由于管理不善而招致火烧、缺氧窒息、烟气中毒和房屋倒塌而死亡的。因此,建筑物安全疏散设计是否合理已成为建筑防火设计的重要内容之一。

3.3.3.1 疏散设计

疏散设计涉及人流活动的合理顺序问题,主要指建筑物内与外交通联系方式的设计,目的是保证聚集在厅堂里的大量人流在发生紧急情况时能安全迅速地疏散到室外的安全地带。

(1)疏散设计与建筑内部交通设计的区别

内部交通设计是指室内各部分之间的交通联系。疏散设计则是解决聚集大量人流的厅堂与室外之间的交通联系问题。

人流疏散问题是人流组织中的又一个重要问题。一般厅堂疏散分为正常和紧急两种情况,紧急情况下的疏散都是集中疏散。因而,设计时要同时考虑两种情况。

公共建筑中的人流疏散有连续性的(如医院、商场、门诊、旅馆等)、集中性的(如影剧院、会堂、体育场等)和兼有集中连续性的(如展览馆、学校等)。

交通流线组织得合理与否一般是评鉴平面布局好坏的重要标准,它直接影响到布局的形式。下面着重介绍一下交通流线的类型、流线组织的要求及组织方式等问题。

(2)交通流线的类型

按照使用性质将公共建筑物内部交通流线分为:公共人流交通线、内部工作流线和辅助供应交通流线等几种类型。

①公共人流交通线

公共人流交通线,即建筑物主要使用者的交通流线。人是建筑的主体,建筑设计应以人的行为活动规律为依据且尽力满足使用者在生理、心理上的合理要求。主要人流路线是建筑空间的主导线,由此构成有机合理的主导性空间程序。

如食堂中的用膳者流线,车站中的旅客流线,商店中的顾客流线,体育馆及影剧院中的观众流线,展览建筑中的参观者流线,等等,都是公共建筑平面设计中要解决的重要问题。虽然,不同类型的建筑交通流线的特点有所不同,有的是集中式的人流(在一定的时间内,大量人流很快地聚集和疏散),如影剧院、体育馆、火车站等,有的是自由的流线,如商业建筑、图书馆等,但是它们都有一个合理的组织大量人流进与出的问题,并应满足各种使用程序的要求。

对于一些有多种使用人流的建筑,如火车站,由于旅客构成较为复杂,在设计中应以一般旅客流线为主导线,不宜过于侧重贵宾流线,而忽视大量旅客的基本使用。在明确主导流线的基本前提下,组织交通流线应考虑下列要求:

　　公共人流交通线中不同的使用对象构成不同的人流,这些不同的人流在设计中都要分别组织,相互分开,避免彼此的干扰。例如,车站建筑中的进站旅客流线就包括一般旅客流线、母子旅客流线、软席旅客流线及贵宾流线等等。体育建筑中公共人流线除了一般观众流线外还包括运动员流线、贵宾及首长流线等,见图 3-95、图 3-96。

图 3-95　天津塘沽火车站

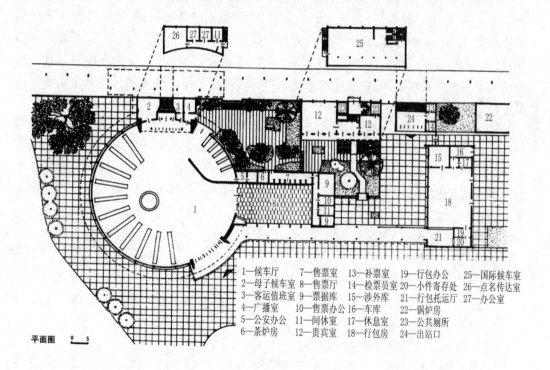

1—候车厅	7—售票室	13—补票室	19—行包办公	25—国际候车室
2—母子候车室	8—售票厅	14—检票员室	20—小件寄存处	26—点名传达室
3—客运值班室	9—票据库	15—涉外库	21—行包托运厅	27—办公室
4—广播室	10—售票办公	16—车库	22—锅炉房	
5—公安办公	11—间休室	17—休息室	23—公共厕所	
6—茶炉房	12—贵宾室	18—行包房	24—出站口	

图 3-96　天津塘沽火车站平面图

　　该建筑中的进、出站流线分开,其中进站旅客流线也要分开,主要包括一般旅客流线、母子旅客流线、软席旅客流线、贵宾旅客流线等等。

在某些大型建筑物中还包括电视等内部管理工作人员的服务交通流线。

②内部工作流线

图书馆设计以读者人流路线作为设计的主导线,把各个阅览室及为之服务的有关空间有机地组织起来;博物馆设计以参观者的参观路线作为组合空间的主导线,把陈列室连贯而又灵活地组织起来;体育馆、影剧院(人流量既大而又集中的建筑)设计,应以观众进、出场的路线作为设计的主导线;对于某些有多种使用人流的建筑,如火车站,应该以旅客进、出站的人流为主要人流,并以它为设计的主导线,而不应该是像目前一些车站那样,过于侧重考虑首长、迎宾活动,而忽视一般旅客的基本使用。总之,交通人流的组织要以人为主,以最大限度地方便主要使用者为原则,要顺应人的活动,不是要人们勉强地去接受或服从建筑师所强加的"安排"。正因为人的活动路线是设计的主导线,因此,交通流线的组织就直接影响到建筑空间的布局。

③辅助供应交通流线

如食堂中厨房工作人员的服务流线及食物供应线,车站中行李包流线,医院中食品、器械、药物等的服务供应线,商店中货物的运送线,图书馆中书籍的运送线等。

(3)流线组织的基本要求

人与物在建筑物内部的活动呈现不同的特点,这就涉及建筑的交通组织问题,包括两个方面,一是相互的联系,二是彼此的分离。合理的交通流线组织就是既要保证相互联系方便、简捷,又要保证必要的分隔,使不同的流线不相互交叉干扰。尤其是那些使用频繁,人流量大的影剧院、体育馆、展览馆、会堂、音乐厅、阶梯教室等公共建筑都具有能容纳大量人流的观演空间,在这样的大空间里,看得清、听得清且能使观众安全迅速地疏散是这类公共建筑设计中的关键问题。

①明确主导线的基本原则,把主要人流路线作为设计与组合空间的主导线。人是建筑的主体,各种建筑物的内、外部空间设计与组合都要以人的活动路线与人的活动规律为依据,设计要尽量满足使用者在生理上和心理上的合理要求。因此,应当把主要人流路线作为设计与组合空间的主导线。根据这一主导线把各部分设计构成一连串丰富多彩的有机结合空间序列。

主导线的确定:

图书馆——读者

博物馆——参观者

体育馆——观众进、出场人流

影剧院——观众进、出场人流

火车站———般旅客进、出站人流

②不同性质的流线应明确分开,避免交叉、相互干扰。主要活动人流线与内部工作人员流线或服务供应线应避免相互交叉。在主要活动人流线中,有时还要将不同对象的流线适当地分开,在人流集中的情况下,一般应将进入人流线与外出人流线分开,避免出现交叉、聚集、"瓶子口"的现象。

③流线的组织与使用程序相一致。流线的组织应符合使用程序,力求流线简捷、明确、通畅、不迂回,最大限度地缩短流线,这对每一类公共建筑的设计都是重要的,直接影

响着平面布局和房间的布置。譬如说,在食堂的设计中,交通流线就要根据用膳者洗涤、存取餐具及买饭菜的使用程序进行设计,使用膳者进到食堂后能方便地洗手、取餐具、买饭菜等,因此,备餐区应尽量接近入口。

在车站设计中,人流路线的组织一般要符合进站和出站的使用程序。进站旅客流线应符合"问讯—售票—寄存行李—候车—检票"等活动程序。出口路线要使旅客出站后能方便地到达行李提取处或小件寄存处,尽快地到达市内公共汽车站。在图书馆的设计中,人流路线的组织要使读者能够方便地通达借书厅及阅览室,并尽可能地缩短运书的距离,缩短借书的时间。

④流线组织要有灵活性,以创造一定的灵活使用条件。因为在实际工作中,由于情况的变化,建筑内部的使用安排经常是要调整的。如车站,既要考虑平时人流的组织,又要考虑节日期间的安排;图书馆的设计,尤其是大学图书馆既要考虑全馆开放人流的组织,又要考虑局部的开放,如大学图书馆在寒暑假期间开放的部分要不影响其他不开放部分的管理。在展览建筑中,这种流线组织的灵活性尤为重要,它既要保证参观者能有一定的顺序参观各个陈列室,又要使参观者能自由地取舍,同时也要便于全馆开放和局部使用的可能,这种流线组织的灵活性直接影响到建筑布局及出入口的设置。以展览建筑为例,各个陈列室相套布置,参观路线很连贯,但是没有一点灵活性,一旦调整某一陈列室的布置,全馆就不能开放了。

若采用一个交通枢纽,把几个陈列室连接起来,参观路线既连贯又具有灵活性,可中断开放任何一个陈列室而不影响其他部分。此外,也可增加出入口,如北京美术馆,除设置主要入口外,两侧还有两个辅助入口,除了全馆统一安排陈列外,其他三个部分都能独立地开放。

车站:平时——节假日;

图书馆:(尤指大学)全馆开放人流组织——局部开放(如寒暑假),见图 3 – 97 ~ 图 3 – 100;

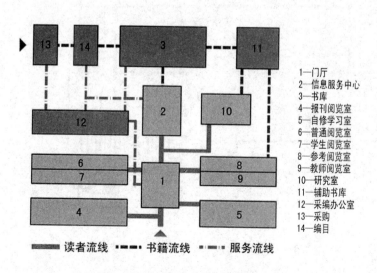

1—门厅
2—信息服务中心
3—书库
4—报刊阅览室
5—自修学习室
6—普通阅览室
7—学生阅览室
8—参考阅览室
9—教师阅览室
10—研究室
11—辅助书库
12—采编办公室
13—采购
14—编目

■■■ 读者流线　■ ■ ■ 书籍流线　· ■ · 服务流线

图 3 –97　大学科学图书馆功能关系图

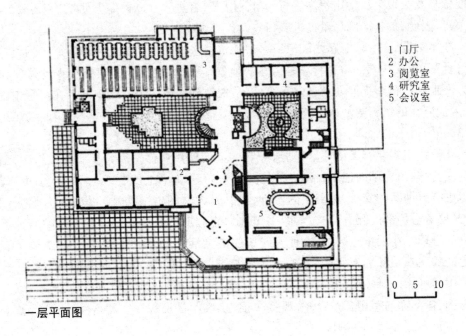

1 门厅
2 办公
3 阅览室
4 研究室
5 会议室

0 5 10

一层平面图

图 3-98 天津大学科学图书馆一层平面图

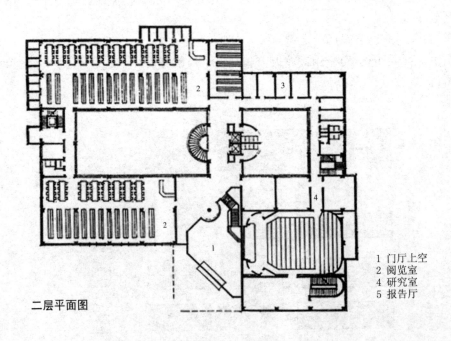

1 门厅上空
2 阅览室
4 研究室
5 报告厅

二层平面图

图 3-99 天津大学科学图书馆二层平面图

图3-100 天津大学科学图书馆内庭院

展览建筑:有一定的参观顺序——自由取舍;全馆开放——局部使用。

展览建筑实现灵活使用的基本方法:串联式布置——相套枢纽;放射式布置——交通枢纽;增加出入口——独立开放。

当然,流线组织的连贯与灵活孰主孰次根据各个建筑物的性质而有所不同,这就要具体情况具体分析,从调查研究着手,区别对待。以展览建筑来讲,历史性博物馆由于陈列内容是断代的、连贯的,因此主要考虑参观路线的连贯,而艺术陈列馆或展览馆则要求灵活性更多一些。

⑤流线组织与出入口设置必须与室外道路密切结合。流线组织与出入口设置二者不可分割。从单体平面上看,流线组织可能是合理的,而从总平面上看可能就是不合理,或者反之。例如,南京火车站的流线组织,由于城市交通主要来自西面,从总体看旅客进站应从候车大厅的西边门进入,采用通过式路线进入站台,流线通顺、简捷,比较合理。但是,由于厕所、饮水处设在候车大厅的东端,这样安排就让厕所、饮水处在列队的前方,影响排队的秩序。从候车室内看,曾采用过从东边门进候车室的方式,管理秩序较方便,但流线曲折,行程增长。

⑥依人们的行为心理需求,在主入口前方,设置了人流活动广场,满足由外及内的过渡心理,借以达到人、建筑、场所、环境等情景合一的意境,见图3-101。

⑦公共连续性的人流线按其流线的动向可以分为进入人流线和外出人流线两种。在车站中就是旅客进站流线和出站流线(图3-102),在影剧院中就是进场流线和退场流线。

⑧按照防火规范充分考虑疏散时间,计算通行能力。厅堂人流疏散的特点是人流集中,行动的速度迟缓。而紧急疏散的要求是迅速、安全。在设计时要符合各类建筑物控制的疏散时间(要按防火规范充分考虑疏散时间,计算通行能力);疏散路线简捷、通畅(连续性的活动宜将出口与入口分开设置,要考虑枢纽处缓冲地带的设置,必要时可适当

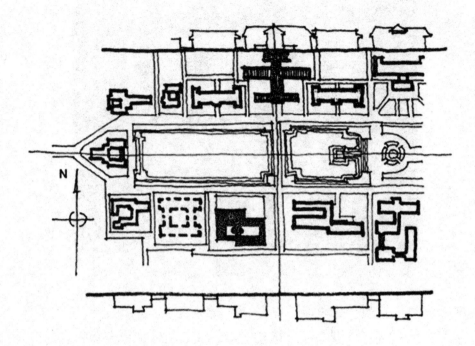

图 3-101　天津大学科学图书馆总平面图

图 3-102　车站的进出站流线关系图

分散,以防过度的拥挤);疏散口的大小和分布要合理;要求安全等。

(4)流线组织的方式

各类公共建筑中流线组织虽然各有自己的特点及要求,但也有共同要解决的问题,即把各种不同类型的流线分别予以合理组织,以保证联系方便和必要的分隔。因此,在流线组织方式上也有共同之处,综合各类公共建筑中实际采用的流线组织方式,不外乎有以下三种基本方法:

①水平方向的流线组织方式

水平方向的组织,即把不同的流线组织在同一平面的不同区域,与前述水平功能分区是一致的。

中小型公共建筑,由于人流活动简单,因此多采用水平的组织方式。在车站中,将旅客进站流线和出站流线分开布置在两边;在商店中,将顾客流线和货物流线分别布置于前部和后部;在展览建筑中,将参观流线和展品流线采用前后或左右分开的方式布置,以避免不必要的上下活动,方便参观者使用。

水平分区的特点是流线组织垂直交通少,联系方便,可以避免大量人流的上上下下。在中小型的建筑中,这种方式较为简单,但对某些大型建筑来讲,单纯的水平方向组织可能不易解决复杂的交通问题或往往使平面布局复杂化,因此要正确处理好疏散楼梯的位置与建筑物功能分区的关系,见图 3 - 103 ~ 图 3 - 105。

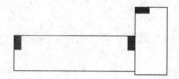

图 3 - 103　疏散楼梯的位置

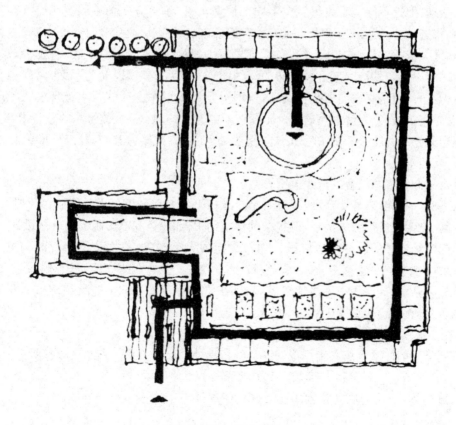

图 3 - 104　展览馆建筑

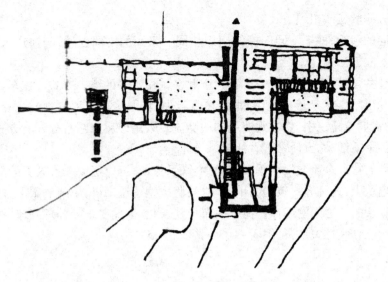

图 3 – 105 小型火车站

②垂直方向的流线组织方式

规模较大、复杂的公共建筑,仅靠平面方式不能解决流线组织问题,还需立体方式组织人流活动,即把不同的流线组织在不同的层面上,以垂直方向把不同流线分开。如在车站中,将进站流线和出站流线分别布置于底层和二层;在医院中,将门诊人流布置在底层,各病区人流按层组织在其上部;在展览建筑中,将展品流线组织在底层,把参观人流组织在二层以上。其特点是垂直方向的流线组织分工明确,可以简化平面,对较大型的建筑更为适合,但是它增加了垂直交通,同时分层布置要考虑荷载及人流量的大小。一般讲,总是将荷载大、人流量大的部分布置在下部,而将荷载小、人流量小的置于上部。

当建筑物的功能分区是按垂直方向逐层分区时,疏散楼梯宜布置在其两端,以利于双向疏散。

③水平和垂直相结合的流线组织方式

水平和垂直相结合的流线组织方式是指既在平面上划分出不同的区域,又按层组织交通流线,常用于规模较大、流线较复杂的建筑物中,如旅馆和电影院等的疏散设计。

流线组织方式的选择一般应根据建筑规模的大小,基地条件及设计者的构思来决定。一般中小型公共建筑,人流活动比较简单,多取水平方向的流线组织;规模较大,功能要求较复杂,基地面积不大或地形有高差时,常采用垂直方向的流线组织或水平和垂直相结合的流线组织,见图 3 – 106、图 3 – 107。

(5)人流入场与疏散系统的主要处理方式

不同类型的厅堂入场和出场根据各自的特点处理疏散关系。人流疏散有两种情况:

人流疏散 $\begin{cases} 正常 \begin{cases} 连续(如商场、门诊、旅馆等)\\ 集中(如剧场、体育馆、会堂、写字楼等) \end{cases} \\ 紧急 \{ 集中(包括各种建筑) \end{cases}$

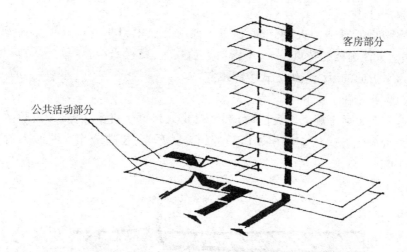

图 3 – 106　综合组织方式——某旅馆建筑流线分析图

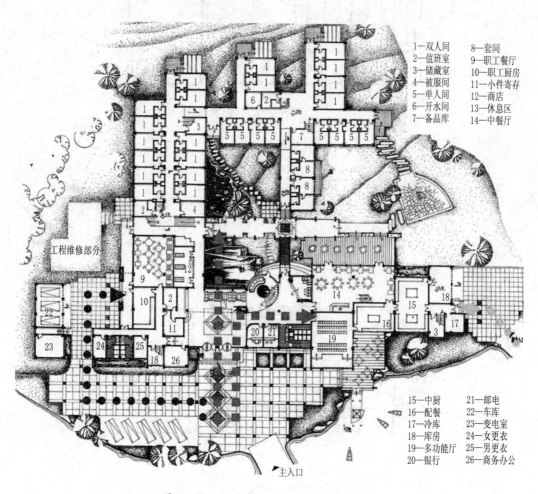

1—双人间　　8—套间
2—值班室　　9—职工餐厅
3—储藏室　　10—职工厨房
4—被服间　　11—小件寄存
5—单人间　　12—商店
6—开水间　　13—休息区
7—备品库　　14—中餐厅

15—中厨　　21—邮电
16—配餐　　22—车库
17—冷库　　23—变电室
18—库房　　24—女更衣
19—多功能厅　25—男更衣
20—银行　　26—商务办公

图 3 – 107　综合组织方式——某旅馆建筑

①合班教室设计

合班教室根据所容纳的人数分为大(300 人以上)、中(180 ~ 270 人)、小(90 ~ 150 人)三种规模。人流疏散的特点是上、下课时人流集中,交换班级要在短暂的课间完成,其可以采用水平方向的流线组织方式组织疏散。

a. 出入口合并布置

出入口合并布置适于规模不大的阶梯教室,出入口设于讲台一侧,人流疏散时自上而下。其特点为简化阶梯教室与相邻房间的组合关系,容易造成出入两股人流交叉拥挤,见图 3 - 108。

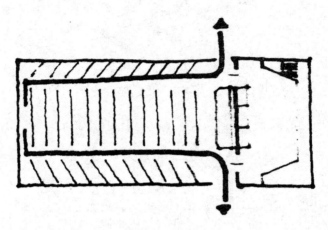

图 3 - 108　教室出入口合并

b. 出入口分开布置

出入口分开布置适于规模较大的阶梯教室,入口设在讲台一端附近,出口布置在教室的后面。其特点为人流干扰小、不交叉、疏散快、不混乱。当坡度升起较高时,可将出入口设在倾斜地面下进行疏散,以充分利用空间。如某些体育类建筑将出入口设于座位下面的空间内,见图 3 - 109a、图 3 - 109b。

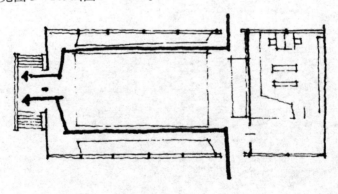

图 3 - 109a　教室出入口分开

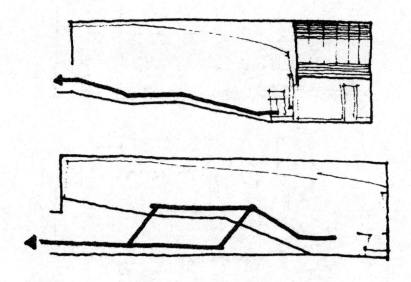

图 3 – 109b　教室出入口分开

②影剧院设计

影剧院同样属于短时间有大量人流集散的空间。电影院和剧院有所不同,电影院的人流活动是连续的,各场次中间的休息时间一般较短。所以,入场口和出场口要分开配置,应结合道路及坐席设置;剧院多属于单场次的,常在演出过程中,安排休息时间,设置休息厅等缓冲地带,注意安全疏散时间的限制,见图 3 – 110、图 3 – 111。

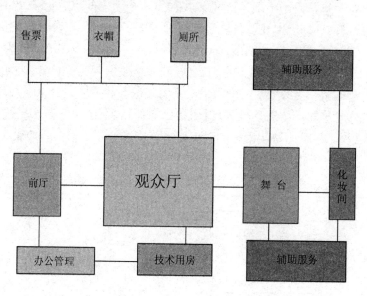

图 3 – 110　剧院的功能图解

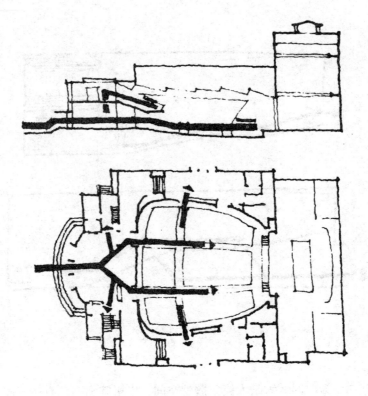

图 3-111　剧院的流线示意图

疏散口做到均匀布置,每个疏散口要疏散的人数不宜大于400,有"千人四口"的说法。疏散通道宽度每百人不小于0.6 m,最小净宽不小于1 m,边走道宽度不小于0.8 m。楼梯、观众厅的内门和外门的疏散宽度百人指标,见表3-13。短时间有大量人流集散的房间,如电影院的池座和楼座分别设置至少2个安全出口(楼座的坐席数少于50时可以设一个安全出口),每个安全出入口的平均疏散人数不应超过250人,且容纳人数超过2 000人时,其超出部分按每个安全出入口的平均疏散人数不应超过400人计。

疏散楼梯宜设楼梯间,超过5层设封闭楼梯间,门厅主楼梯不计入疏散宽度,可以不设楼梯间,但楼梯不应采用螺旋楼梯和扇形踏步。剧场控制疏散时间如表3-14所示。

表3-13　剧场门、走道和楼梯疏散宽度百人指标

观众厅座位数		< 2 500	< 1 200
宽度指标 m/100 疏散部位	耐火等级(不低于)	一、二级	三级
门和走道	平坡地面	0.65	0.85
	阶梯地面	0.65	1.00
楼梯		0.75	1.00

表3-14　剧场应控制疏散时间(min)

观众厅容量	一、二级耐火等级		三级耐火等级	
	全部疏散时间	从座位到观众厅内门的疏散时间	全部疏散时间	从座位到观众厅内门的疏散时间
≤1 200	4	2	3	1.5
1 201 ~ 2 000	5	2.5	—	—
2 001 ~ 5 000	6	3	—	—

电影院、剧院、音乐厅、体育馆、礼堂等观演类厅堂的使用空间都要求有良好的视觉条件。视觉的基本要求首先是观众能舒适、无遮挡地看清对象,也就是要求视线无遮挡、对象不变形失真、适宜的视距及舒适的姿态等,即看得清楚、听得清楚。其次。还要求在紧急疏散时能迅速离去,并满足卫生要求和较好的大厅艺术观赏要求。但是这些要求对于不同的建筑类型有所侧重。如体育馆首先要满足视觉质量要求,音乐厅对声音质量要求较高,而剧院对视觉和声音质量要求均较高,故设计时需根据对象的特点和要求全面考虑。

3.3.3.2　厅堂空间设计

在厅堂空间设计中,视线设计、结构选型及音质设计等问题显得尤为突出,这里主要介绍视线设计。

视线设计主要包括视距、视觉的控制及地坪坡度设计。

(1)视觉质量的主要因素及其设计

影响视觉质量的因素有视线障碍、视距、方位和视角等方面。

(2)设计要点

视线设计是要解决观看时通视性问题,即前后不遮挡。主要通过剖面设计和平面设计来把握,前者解决有无遮挡和垂直视角及俯角等问题,后者解决视距和方位的问题。

①视距

通常所指的视距是最后排观众到设计视点的距离。控制合适的视距是保证全场清晰度的重要因素。不同性质的观众厅对视距提出不同的要求。

剧院的最大视距为25~33 m,若要能较细致地看清演员的面部表情和细部装饰,视距应在15 m以内(如排练厅)。

电影院的最大视距与电影机光通量及银幕画面大小有直接关系。我国当前条件下宜控制在36 m以内,最大不应超过40 m。以保持电影的"声、像同步"。

体育馆的最大视距可扩大,如上海体育馆最远水平视距(至场地中心)为55 m,体育场则可以放宽。体育建筑的视觉清晰度还与照度、运动速度等有关。

②视角

为避免观众厅中前面两侧有过偏的座位,以保证观众能最大限度地看到天幕的艺术效果,应尽量使观众厅前部两侧座位布置在一定范围内。在剧院中由舞台后墙中点与台口两侧连线所成的夹角称为水平控制角(图3-112a),座位应布置在这个角度之内。对观众厅侧面的观众来说,水平控制角愈小,舞台表演区和后部天幕被台口侧沿遮挡的部分就愈少,观看演出的条件愈好,但观众厅内的座位数就越少。一般 θ 角控制在28°~45°,我国已建剧院 θ 角为41°~48°之间。

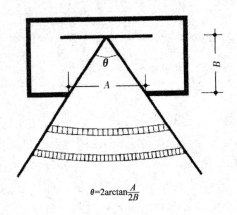

$$\theta=2\arctan\frac{A}{2B}$$

图3-112a 水平控制角

为使观众座席布置在人们正常视野范围内,可用水平视角来控制,即观众眼睛到银幕画幅(或台口)两侧连线的夹角(在电影院中亦称银幕视角)。为保证有良好的全景效果,最后排中心观众的水平视角控制在23°~28°(即22.5倍银幕宽度),第一排中心观众水平视角为67°~76°。在整个观众厅座席区中,宽银幕电影院的水平视角为56°时,效果最好。在电影院中,边座观众至普通银幕远边所形成的水平斜视夹角应不小于45°,见图3-112b,并可以此斜视夹角控制观众席的座位布置。

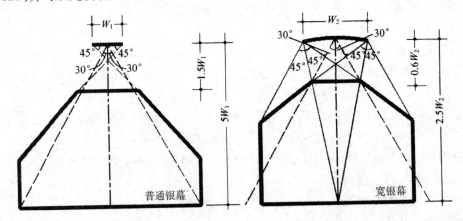

图3-112b 电影院观众厅座位布置控制范围

在专业剧院,最前排及最后排与台口两侧连线夹角,一般认为在30°~60°之间较为合适,见图3-112c。而在影剧院中,因为要同时满足观众观看宽银幕电影的要求,台口宽度比专业剧院大得多,上述角度的控制已失去现实意义。

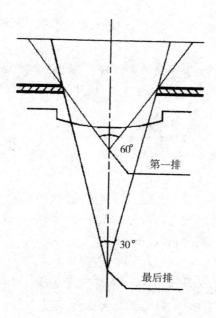

图 3 – 112c　剧院水平视角

俯角,通常是指楼座最后一排观众至设计视点的连线与水平面所形成的夹角 α,见图 3 – 112d。我国规定一般影剧院中最大俯角为 α≤25°,电影院中要求最大俯角为 α≤ 15°。一般说来,视距短的楼座式观众厅,俯角较大,反之容量大,楼座远离舞台的观众 厅,前角小。近年国内新建的中小型剧院的楼座最大俯角大多为 19°~21°,大型剧院的 楼座最大俯角大多为 17°~19°。

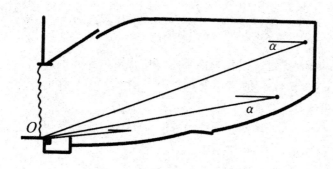

图 3 – 112d　剧院中楼座最大俯角

上述诸因素中关键是合理控制视距,只有在满足清晰度的基本条件下,才能进一步 研究如何获得良好的视野和视角,这样才具有现实意义。特别是在大容量的观众厅设计 中,视距问题更为突出。如在设计上万人的体育场看台时,有的设计要考虑向球面空间 发展,以缩短视距。

③地坪坡度(H_n)设计

在进行地坪坡度设计时,首先应合理选择视点,确定视线升高差,随后进行坡度计算。

设计视点的位置选择取决于观众所要求观看到的范围。通常情况设计视点的位置选择较为复杂,不同性质的观众厅的具体要求也有所不同,均有各自的设计视点。

第一类　体育馆

球类馆——体育馆的设计视点多以篮球、排球为代表,一般定在篮球场地边线地面上或将视点提高到场地边线上空 30~50 cm 处。第一排看台的地面与比赛场地高差为 45~100 cm 不等;

游泳馆——设计视点一般选择在靠近观众一侧的第一条泳道的水面中心位置处;

田径场地——一个视点选择在边线 30~50 cm 处,另一个视点选择在 100 m 终点最外边道上空 30~50 cm 处,设计时要兼顾这两点。

第二类　影剧院

剧　院——一般定在舞台大幕在舞台地面上的投影中央 B 点或亦可以将 B 点上移至 30~50 cm 处的 A 点,见图 3 - 112e。舞台面的高度一般比观众厅前排地面高 1 m 左右。

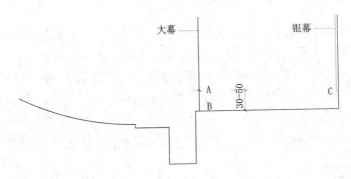

图 3 - 112e　影剧院的最不利视点示意图

电影院——设计视点定在银幕画面下边缘中点处。第一排观众所在地面至设计视点的高度应为 1.5~2.5 m,一般宜为 2 m。

第三类　音乐厅及礼堂

音乐厅及礼堂——因对象是站着或坐着演奏乐器的演奏者,设计视点可以定在舞台脚灯中间的地面上空 50~60 cm 处。

④确定视线升高差(简称视变差,用 C 值表示)

由观众眼睛到视点的连线称为视线。为保证观众视线不受阻挡,就要使后排观众的视线擦过前排观众的头顶。所以,视线升高差主要由观众眼睛到头顶的距离来约定。根据实测,中国人视线升高差为 11.1~11.8 cm,为设计方便,一般约为 12 cm。

在表演对象的动作非常精细需集中注意力的情况下,如魔术表演,C 值可以采用 12 cm,称为无阻碍视线。但这样求得的地面坡度太陡,扩大了空间,提高了造价,又影响了疏散,所以一般采用双排升高 12 cm,考虑后排观众可以从前排两人中间的间隙向前观看,即 C 值等于 6 cm,这时座位应该错开排列。但楼座的视线升高差值必须采用 12 mm。

C 值是后排与前排观众视线升高的差值,可参见梅季魁老师的《现代体育馆建筑设计》一书。其主要计算方法有逐排计算法、折线计算法、任意排计算法、活动座席计算法四种,能够掌握其中一种就可以了。

3.3.3.3　音质设计

厅堂类建筑要求有良好的听觉效果,现代观演生活对厅堂音质提出了更高的要求,设计人员必须具备有关声学的基本知识,在设计过程中才能很好地把建筑设计与声学处理有机结合起来,达到理想的厅堂声学效果。

(1)听觉要求

观众对厅堂的听觉要求就是听得清、听得好。不同演出形式的声音要求是有差别的,多功能厅堂对音质要求更为复杂。

听得清是指观众厅里每个座位上的观众可以听清音乐的每个音节和对白语言;听得好是指音色不失真,声音丰满,没有回声、轰鸣、干涩等不良音质现象。

设计的基本要求:①最佳混响时间;②室内声场均匀分布;③较高的清晰度;④室内噪声控制良好。

(2)音质设计

厅堂音质的设计要考虑许多因素,是一个很复杂的问题。一般说来主要包括:厅堂体形、容积、围护结构表面、吸音材料配置、噪声隔绝、电声系统布置等。一个好的厅堂音质设计是综合考虑以上各个方面因素的结果。

3.4　建筑功能的灵活性与动态性发展

一栋建筑要满足既定的使用行为模式,单一性和静止性是其主要特征,但这与建筑的发展趋势不相适应。现代社会和人类生活正经历着剧烈变化,这必然在建筑中得到反映。因此不能以僵化的观念来看待功能问题,应不断更新认识,要了解功能既是有规律的,又是灵活多变、丰富多彩的,具有动态性的发展特征。

3.4.1　建筑功能的动态性

动态性是建筑功能的本质特征。本质上,建筑功能是指建筑所支持的人的行为活动以及这种活动的性质、相互关系和变化规律。生活是动态的,建筑功能必然是动态的,动态性是建筑功能的本质特征之一。

(1)功能的相容性

功能的相容性是指不同的建筑或空间具有相同、相近的职能或具有相通的职能关系,因此可以临近或交叠布置。功能的相容性是多功能建筑或建筑综合体发生发展的理论基础。

(2)功能的兼容性

功能的兼容性是指在一定条件下,不同功能可以被同一空间所包容,或者说使用功能和空间形式二者之间不总是一对一的,在许多情况下,功能或者说人的行为活动与所占空间的配合关系大多数是比较松动的。如果建筑师给设计的空间以适当弹性,空间就具有相互兼容性。弹性越强,兼容功能也就越多,功能兼容性是建筑灵活通用空间诞生和发展的内在原因。

(3)功能的周期性

这里包括两层含义:一是指特定功能在不同时期的表现形式所具有的周时变化。二是指在建筑历时进程中,一种功能的消亡和另一种功能的替代。就建筑的某特定功能来说,随着时代的进步,它将配合工作和生活方式的进步而展现出新的关系模式和表现形式。

(4)功能的多样性

功能的多样性是指某种特定的功能对特定的人或人群来说,意味着不同的心理及行为方式。使用者的多样化造成各自特别的需求,他们要求对同样功能按其自己的理解做出解释。设计者如何能给多样化带来机会,这是值得思考的问题。

3.4.2 当代建筑功能的发展趋势

在当代,社会的一体化发展、产业结构的改变、工业社会向信息社会的转变及高度的城市化发展,使得建筑更加频繁高效地介入到社会动态循环系统之中,它对建筑的功能提出了新的要求,当代建筑发展表现出来的新趋势是功能动态特征的具体表现。

(1)建筑功能由单一走向复合

社会向多元化迅速发展,人的生活方式不再是简单的重复,而是趋于快节奏、丰富而复杂化。建筑的功能也由单一的静态封闭状况演变为多层次、多要素复合的动态系统,建筑内部的矛盾运动也愈趋复杂。建筑功能的多元复合建立在功能的相容性与兼容性基础之上。建筑与生活的密切联系、建筑与城市组织结构的一体化,以及对经济效益的考虑,是建筑功能走向复合化的显在因素。建筑功能的多元复合可分为单职能综合体及多职能综合体等两种类型。

(2)建筑功能分化与综合并举

在建筑功能走向综合的同时,一般与之相逆的潮流也正日益显示出生命力,即建筑功能也日趋分化,功能分化包括两类具体情况,一是功能趋于细致;二是功能趋于与个体行为相对应。建筑功能的综合与分化同时并举,带来了建筑空间融合与分化并行。它使得功能分区、流线组织的层次更加复杂,同时又具备充分的灵活性,因此要求建筑师具备更为娴熟的功能处理能力。

(3)建筑功能加速新陈代谢

建筑自从诞生之日起,其内部的功能活动就开始了生长、演变乃至消亡的过程。当代建筑内部功能活动愈来愈复杂,变化的频率也愈来愈快。这种新陈代谢大致包括三种主要方式;其一是同一功能的表现形式的更新换代;其二是综合体内部的建筑功能系统中多项要素之间的协调平衡和重组;其三是建筑内部一种功能体系的消亡与另一种功能体系的建立。前两种是量变,后一种则是质变。一些建筑物随着时间的推移,其原先的功能逐渐失去存在价值,但其结构依旧完好,若推倒重来,无疑浪费巨大。对旧建筑进行改造利用,通过在原有空间中注入新功能,实现了功能增生,由此延续了建筑的生命。建筑功能加速新陈代谢与建筑实体静态性的冲突势必引起我们的关注。建筑在其生命期内不断进行空间重组和功能置换是一个有普遍意义的课题。

功能的动态性特征要求我们与社会相联系,与城市相联系,与人的生活相联系,不但要重视建筑共时态的功能关系,还要认识到建筑历时态的潜在功能变化。建筑师的职责是要创作出与动态功能体系相适应的建筑空间形式。

本章小结

本章从多方面分析了建筑的各种功能以及功能的分析方式,重点阐述了单个空间的平面大小、平面形状、质量;分别介绍了主要使用部分、次要使用部分和交通联系部分的作用、位置、数量和类型,结合实例讲解了有关多个空间的功能组织和分区的方法、原则、方式;从公共人流交通线、内部工作流线和辅助供应交通流线三个方面分析了疏散设计的最基本要求以及流线组织方式,随着社会的发展及人们对建筑使用功能的多样化追求,建筑将在其生命期内不断进行空间重组和功能置换。

思考题

1. 什么是中庭? 灰空间? 连廊?

2. 建筑功能的类型有哪些? 谈谈你对建筑功能问题的认识。

3. 功能分区方法有哪些? 功能关系图的绘制方法有哪些? 请绘制出餐馆、幼儿园等建筑的气泡图。

4. 功能分区的原则有哪些? 功能分区方式有哪些?

5. 从安藤忠雄的教堂系列作品中,谈一谈你对建筑的精神功能的认识与理解。

6. 公共建筑内部交通线的类型? 交通流线组织的原则?

7. 厅堂建筑设计中视线设计的要点应该考虑哪些问题? 设计视点选择的方法有哪些?

8. 给一座 3 层的办公楼设计一部平行双跑楼梯,层高为 3.6 m,试确定楼梯及楼梯间尺寸。要求计算并绘制楼梯间二层平面图(已知:楼梯间墙体厚度为 490 mm 和 240 mm)。

第4章 外部环境设计

　　根据建筑群的组成内容和使用要求,公共建筑的外部环境设计(即场地设计)将结合用地条件和有关技术规范的要求,综合研究各建筑物的平面和空间关系,充分注意利用地形,正确处理建筑布局、交通运输、管线综合和绿化布局之间的关系,使该建筑群和各项设施组成为统一的有机整体,并与周围环境及其他建筑群体相协调。

　　外部环境的设计内容包括场地功能分区、交通组织、确定主要入口、争取绿化用地面积、朝向、节能、消防要求、地下管线的竖向设计、处理好人文景观。室外总体环境布局的基本组成包括建筑群体、广场道路、绿化设施、雕塑壁画、建筑小品、灯光造型与光照艺术效果等方面。

4.1 外部环境设计的目的及意义

4.1.1 概念

　　场地包括以下含义:自然环境,即水、土地、气候、植物、地形、地理环境等;人工环境,亦即建成的空间环境,包括周围街道、人行通道、要保留或拆除的建筑、地下建筑、能源供给、市政设施导向和容量、合适的区划、建筑规划和管理、红线退让、行为限制等;社会环境,包括历史环境、文化环境、社区环境、小社会构成等。

　　场地设计是为满足一个建筑项目的要求,在基地的现状条件和相关的法规、规范的基础上,组织场地中各构成要素之间关系的设计活动。在设计时要了解场地的地理特征、交通情况、周围建筑及露天空间特征,考虑人的心理对场地设计的影响,解决好车流,主要出入口,道路,停车场地,地下管线的竖向设计、布置等,要符合建筑高限、建筑容积率、建筑密度、绿化面积等要求,要符合法律法规的规定。

4.1.2 外部环境设计的意义

　　通过外部环境之间的沟通,创造秩序良好的城市关系。外部环境的设计宏观层面泛指城市空间,是指城市规划方面;中观层面泛指街区空间,是指城市设计方面;微观层面泛指地段空间,是指总图设计方面。

4.1.3 外部环境设计的目的

4.1.3.1 场地总体环境指标要实现绝对进步

　　环境指标在设计完成之后必须达到全部有所提高,即场地的总体环境比设计之前要

实现绝对进步。新的建筑置于环境中,能够完美地解决基地存在的先天缺陷与不足,达
到升华整个街区、路段、景点、建筑的群体作用,使环境基地的艺术价值和文化价值得到
最大限度的发挥。如 MAD 事务所设计的三亚凤凰岛七星级酒店(图 4 - 1a、图 4 - 1b、图
4 - 1c),被称为东方的迪拜。整个建筑群以超现代的风格、超曲面的设计手法,给人一种
超现实的未来感,表现出自然与建筑的和谐。该建筑群由 200 m 高的中国首个海上超星
级酒店及五栋 100 m 高的度假酒店式寓所组成,这六栋建筑是一组承载着生命的岩石,
是中国的新天涯海角,预示着生命起源于海洋。凤凰岛以可以屹立于历史长河的经典之
作为目标,这也使其成为三亚的标志,与阿拉伯塔酒店(图 4 - 2)有异曲同工之妙。

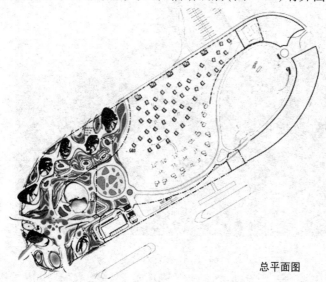

总平面图

图 4 - 1a　三亚凤凰岛七星级酒店

图 4 - 1b　三亚凤凰岛七星级酒店

图4-1c 三亚凤凰岛七星级酒店

　　三亚凤凰岛七星级酒店(图4-1a、图4-1b、图4-1c)有一条堤坝,设计师利用该堤坝使桥与内陆相连。设计师将酒店深入海岸,使该建筑群不仅解放了海岸线,还增添了新的海岸线的人工活力。该建筑群注重建筑与环境的对话交流,主体建筑造型糅合了海洋和生态元素,塑造了一组另类而具个性的标志性建筑群。

图4-2 阿拉伯塔酒店

　　阿拉伯塔酒店也有一条堤坝,使桥与内陆相连。这一设计与三亚的
凤凰岛七星级酒店有异曲同工之妙。

（2）要做到建筑与场地环境的交流与对话

建筑置于场地之中，要与环境交流与对话，达到和谐一致的情境。如特结巴奥文化中心的设计就是用现代技术手段来表现传统建筑，达到了建筑与环境完美的融合，见图4 －3、图4－4。

图4－3　特结巴奥文化中心

图4－4　特结巴奥文化中心

特结巴奥文化中心是皮阿诺设计的，建筑师通过考察当地的历史、文脉，挖掘、利用当地的传统建筑样式，在此基础上进行的再创造。他用现代技术表达一种传统意象，设计出了极具象征性的建筑作品，同时，采用一系列高技术手段，达到与自然生态的平衡，创造出集传统性和生态性于一体的建筑。如何用现代技术手段来表现传统建筑，在这个作品中，给予了我们启迪。

4.1.3.2 注重环境、文脉的延续以及改良

在设计过程中,要充分思考及挖掘建筑场地环境的文化内涵,使文脉得到传承,将既有环境的情景得到延续与改良。建筑与环境有着千丝万缕的联系,如哈尔滨的中央大街及其他重要项目的大规模改造工程(图 4-5、图 4-6)都与环境密切相关。

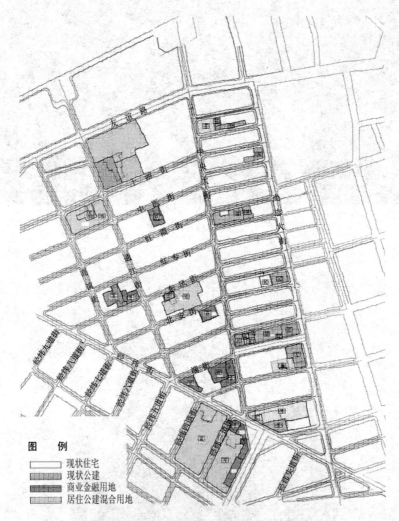

图 4-5 哈尔滨中央大街综合整治详规图

1997 年,哈尔滨市政府对中央大街实施综合整治,修缮了 17 栋保护建筑,恢复了老街历史风貌,使之成为中国第一条商业步行街。2003 年起又实施了二期、三期综合整治,将中央大街周边 25 条街道改造成风格各异的特色街,形成不同规模的休闲区及广场,延长步行街长度,完善功能,增加休闲区数量。还充分运用虚拟城市规划技术等高科技手段,制作了三维动画的“数字中央大街”,使规划成果更形象生动。经过近 10 年的努力,中央大街已成为以商业、旅游、休闲、娱乐为主要功能,全国一流的独具文化魅力的步

行街。

图 4-6　中央大街的保护建筑

对哈尔滨中央大街进行综合整治,其秉持的规划原则是"以人为本,注重历史,立足环境,求精求美,突出特色"。

第一,明确划分功能分区,包括中央商城休闲区、西六和西七休闲区、金谷休闲区、西十三道街休闲区、紫丁香休闲区等。

第二,步行街规划的单体设计对立面、建筑色彩、店面设计、细部设计、灯饰雕塑设计、绿化及交通等都做了详细规定,实现中央大街完全步行街的目标,形成了中央大街区域交通的新格局。

根据中央大街历史建筑分布和空间特点将街道分为四段:南端起始段、中段、北部过渡段和北部终点段,每段都有各种不同风格的建筑,如阿格夫洛夫洋行(现商业厅综合楼)、马迭尔宾馆、松浦洋行(现教育书店)、协和银行(现妇女儿童用品商店)等共计 13座,见表4-1。

近年来,哈尔滨市政府依据名城保护规划,实施了一批城市环境综合整治项目,如对中央大街,索菲亚教堂广场,道外南二道街,南三道街,道外阿拉伯广场,果戈里大街进行了综合整治,弘扬了城市风貌特色,又提升了城市品位。

表 4-1　中央大街重要保护建筑统计表

序号	建筑名称		使用性质		建筑特点	建筑年代	类别
	原名称	现名称	原性质	现性质			
1	马迭尔宾馆	马迭尔宾馆	宾馆	宾馆	兼具文艺复兴和新艺术运动风格砖混	1913 年	一
2	松浦洋行、俄国侨民会	教育书店	商店宾馆	商店办公	仿巴洛克风格砖混	1907 年	一

续表

序号	建筑名称		使用性质		建筑特点	建筑年代	类别
	原名称	现名称	原性质	现性质			
3	秋林商行道里分行	道里秋林百货商店	商场	商场	新艺术运动风格砖混	1919年	一
4	密尼阿球尔餐厅	哈尔滨摄影社	餐厅	摄影社	新艺术运动风格砖混	1927年	二
5	哈尔滨万国储蓄会	哈尔滨市教委	银行	办公	仿古典风格砖混	1925年	二
6	协和银行	妇女儿童用品商店	银行	商店	文艺复兴风格砖混	1917年	二
7	万国洋行	省机电公司门市部	商店	商店	折中主义风格凹进式砖混	1922年	二
8	早期道里秋林公司	中央大街百货商店	商店	商店	俄罗斯风格砖木	1917年	二
9	哈尔滨一等邮局	威鹏实业公司	邮局	餐饮娱乐	砖木	1914年	二
10	联谊饭店	哈尔滨市五金公司	商店餐馆	商店办公	仿文艺复兴风格	1907年	二
11	阿格洛夫洋行	黑龙江省商业厅	商店	商店旅馆	折中主义风格砖木	1923年	三
12	伊格莱维纤商店	中央大街商店	商店住宅	商店住宅	砖木	1921年	三

4.1.3.3 有机生长理论的接受与应用

建筑应该是根植于它特定的环境,仿若从环境中自然生长出来的一样。赖特设计的流水别墅就如同天然生长在环境中的生物一样,自然地蔓延、矗立于其中。如果换一个环境,它可能会死掉。

赖特狂热地追求自然美,设计中极力模仿、表现自然界中的有机体。在建筑取材方面也十分高明,他经常选择当地的材料,如流水别墅的外墙材料就选用了当地的三色石材,使建筑很轻松地就融入到自然环境背景之中,墙体是秋天树叶的颜色,这是建筑师惯用的一种设计手法——"隐身"手法。清华大学图书馆的两次扩建也是有机生长理论的典型范例,见图4-7a、图4-7b、图4-7c。

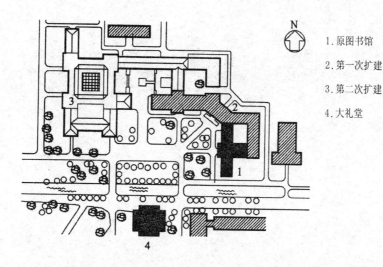

N

1. 原图书馆

2. 第一次扩建

3. 第二次扩建

4. 大礼堂

图 4-7a 清华大学图书馆总平面图

清华大学原图书馆首建于 1919 年,红砖券廊、重点部位用石材、青紫斑斓的石板瓦。平面呈 T 形,阅览室为东西向,采用西方古典四坡顶形式。

1931 年,杨廷宝先生进行了第一次扩建,增添了书库、南北向的阅览室,使图书馆呈 L 形布局。新旧阅览室立面完全对称,在交接处增设一个四层的主入口,使原馆成为新馆的一翼。扩建后的 L 形图书馆位于校园的中心建筑——大礼堂之后,从东面和北面把礼堂衬托起来。它的屋顶轮廓在平缓之中又有变化,在这一组建筑群中扮演着积极而恰当的角色。它的每个局部或构件,无不在尺度、构图的繁简上再做一次处理,使人们感到一种平和、庄重和有秩序的整体之美。

关肇业先生于 1982 年受命承担清华图书馆的第二次扩建设计任务。设计者将已有建筑与环境作为新建筑的创作基础,使新建筑以"得体"的方式延续原有文脉。平面上形成对大礼堂的围合,体量高度限制在低于礼堂 5 m 左右。新馆的建筑风格着眼于文脉的继承和总体的协调,又简化、提炼了一些传统的符号。新馆、老馆及大礼堂所构成的整体环境成为校园一特色景观。

图 4-7b 清华大学图书馆

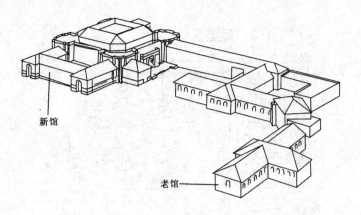

图4-7c　清华大学图书馆

4.2　外部环境的构成要素

　　室外环境布局的基本组成有建筑群体(包括附属建筑)、室外场地、广场、道路入口、灯光造型、光照艺术效果、绿化设施、水体雕塑及壁画建筑小品等。

　　室外环境分为硬质空间和软质空间两类。硬质空间是由墙面、围墙、过街豁口、铺地要素围蔽的空间,见图4-8;软质空间是由大树、行道树、树群、灌木丛、草地等要素围蔽的空间。凯文·林奇在其所著的《城市意象》一书中将城市归纳为五种元素:道路、边界、区域、节点、标志物,见图4-9。

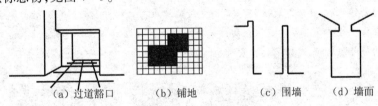

(a)过道豁口　　　(b)铺地　　　　(c)围墙　　　　(d)墙面

图4-8　硬质空间

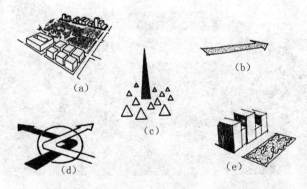

图4-9　凯文·林奇《城市意象》中的城市五种元素
(a)区域;(b)道路;(c)标志物;(d)节点;(e)边界

4.2.1 室外空间与建筑

4.2.1.1 建筑外部空间形态

建筑外部空间形态主要包括单体建筑围合而成的内院空间;建筑组团平行展开形成的线形空间;以空间包围单幢建筑形成的开敞式空间;大片经过处理的地带远离建筑又不同于自然的空间;建筑围合而成的"面"状空间五种,如图 4 - 10 所示。

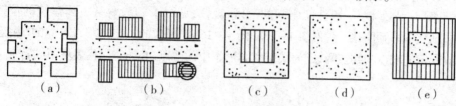

图 4 - 10 建筑外部空间形态

4.2.1.2 外部环境中建筑的作用

建筑在外部环境中主要表现为建筑是外部环境的标志,也是外部环境的边界。作为外部环境的标志的建筑,常位于显要的位置,以形成室外环境的构图中心,其附属建筑应与主体配合形成统一的整体,见图 4 - 11、图 4 - 12。

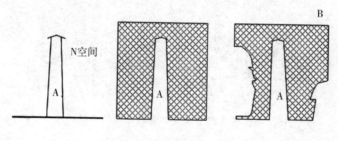

图 4 - 11 空间的互逆

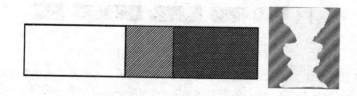

图 4 - 12 空间的互逆

在方尖碑式这样简洁、明快的造型中,若形象 A 与逆空间 B 之间优美地保持着协调,可以提高原初纪念性。由于某种情况,逆空间 B 被其他形象干扰而遭到破坏时,纪念性就被大大削弱了。在方尖碑式的空间中,环境将来也不受干扰,这一点是十分重要的。

4.2.1.3 建筑观赏距离间距和朝向

（1）建筑的观赏距离

由建筑组合所形成的室外空间环境应体现一定的设计意图、艺术构思,特别是对于大型重点的公共建筑,应考虑其观赏的距离、观赏的范围及建筑群体艺术处理的比例尺度等。

观赏主体建筑的最佳视点,见图 4－13。单幢建筑到形体复杂的两幢相邻建筑的外部空间,见图 4－14。此外,应注意空间的尺度、规模,见图 4－15,观赏主体建筑的位置与角度,如威尼斯圣马可广场等,见图 4－16a、图 4－16b。现代的城市广场,即城市中由建筑等周围或限定的城市公共空间,成为城市空间形态中的节点,并能突出代表城市的特征。

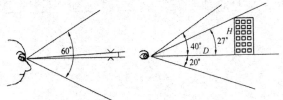

图 4－13　观赏主体建筑的最佳视点

人的眼睛以大约 60°圆锥为视野范围。建筑物与视点距离 D、建筑高度 H 之比为 2,仰角为 27°时,可较好地观赏建筑;当 $D/H < 2$ 时不能看到建筑整体。

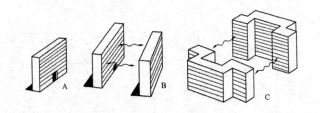

图4－14　单幢建筑到形体复杂的两幢相邻建筑的外部空间

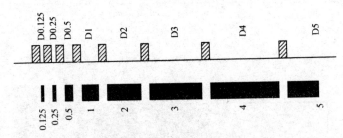

图 4－15　建筑高度（H）与临幢间距（D）的比例关系对外部空间形态的影响

在组团建筑外环境中建筑高度（H）与临幢间距（D）的比例关系对外部空间形态的影响。

以 $D/H = 1$ 时,界线是空间质的转折点。

当 $D/H > 1$ 时,呈远离之感;当 $D/H < 1$ 时,呈迫近之感,两幢建筑开始互相干扰,再靠近就会产生一种封闭感。

$D/H = 1$ 时,建筑高度与间距之间有某种均匀存在。

当 $D/H > 4$ 时,建筑间的影响已经十分薄弱。

广场宽度（D）与周围建筑物高度（H）之比 $1 \leqslant D/H < 2$ 时,具有围合感的宜人尺度。

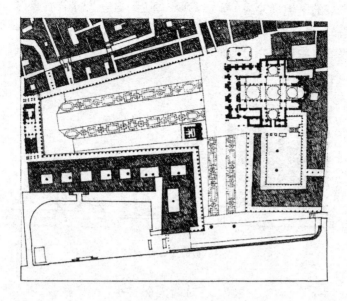

图 4 - 16a　威尼斯圣马可广场

图 4 - 16b　威尼斯圣马可广场

公元 14 ~ 16 世纪,威尼斯圣马可广场是世界上最卓越的建筑之一,广场分为两部分,一是威尼斯的中心广场,位于广场东部,教堂给人以盛装艳饰、活泼热情之感。北面是旧市政大厅,由彼得·龙巴设计,南面是新市政大厦,西面是圣席密尼安教堂(12 世纪下半叶建造),后来拆除,由两层的建筑物把新旧市政厅大厦连接起来。另一处是小广场,同主广场垂直,在伊斯兰与哥特式建筑结合的总督府及圣马可图书馆之间。两个广场相交处为高塔,高度为 100 m。从小街巷突然置身于宽阔的空间,美丽的教堂、高耸的塔楼、明媚的阳光,产生了丰富的景观层次,到河口岸边,千顷碧海,教堂、钟楼为一对主角,一个伟岸高峻,一个盛装艳饰,彼此衬托、补充。

　　欧洲古老广场的平均尺寸为 142 m×58 m，达到这一尺寸具有良好围合感。芦原义信先生在其所著的《外部空间设计》里提到"十分之一理论"（One – tenth theory），即适宜的外部空间的尺寸大致等于相应的室内空间尺寸的 8～10 倍，如图 4 – 17 所示。

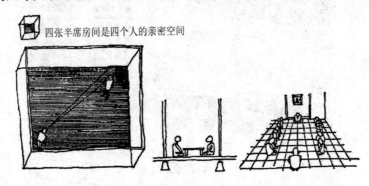

图 4 – 17　十分之一理论

　　"四张半席"空间（2.7 m×2.7 m）对两人而言小巧、宁静、亲切。内部空间模数约 3 m；外部空间模数为 20～25 m，小品、路灯、座椅、植物容器等，约以 30 m 为一个模数，其室内外空间尺度的参照系为：

2.7 m×2.7 m	→	21.6 m×27 m
卧室		两栋多层住宅间距
私密		公共性空间
10 m×10 m	→	80～100 m×80～100 m
小会议室、教室		楼前广场、小区中心
半公共性空间		公共性空间
30 m×30 m	→	240～300 m×240～300 m
会议厅		城市广场
半公共性空间		公共性空间

　　（2）建筑物的间距和朝向

　　影响建筑物间距的主要因素是日照间距。日照间距是为了保证冬至日正午 12 时，后排房屋在底层窗台高度处能有一定的日照时数，是建筑物彼此互不遮挡所必须具备的距离。房屋的日照时间的长短是由房屋和太阳的高度角及方位角来表示的，见图 4 – 18。日照间距的计算公式为：

$$L = H/\tan\alpha$$

　　L——日照间距

　　H——前排房屋檐口和后排房屋底层窗台的高差

　　α——冬至日正午的太阳高度角

　　我国部分地区正南向住宅日照的参考间距为北京 2.01 H，济南 1.76 H，上海 1.42 H，南京 1.47 H，杭州 1.37 H，福州 1.18 H，哈尔滨 2.66 H，太原 1.84 H，通常取 1.1～1.5 H。

　　建筑物内部房屋的使用要求、主导风向、太阳辐射、道路环境等情况是确定建筑物朝向的重要因素。我国许多地区夏暑冬寒，从室内的日照、通风等条件考虑，一般建筑物朝

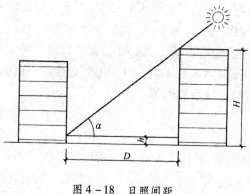

图 4 - 18 日照间距

南或朝南捎带偏角。如上海在间距 $L/H = 1.5$ 的情况下,南偏东或偏西 15°的朝向更有利于室内的通风、采光。

4.2.2 室外空间与场地

由于公共建筑性质不同,因此,可以设置不同形式的室外空间,见表 4 - 2。

表 4 - 2 室外空间环境和场地

类型	适用建筑	条件
开敞场地	影剧院、体育馆、会堂、航空站、铁路旅客站	人流和车流量大而集中、交通组织比较复杂
	旅馆、宾馆、商店	人流持续不断
	学校、医院、图书馆	防止噪音干扰、设置绿化隔离
	道路交叉口处建筑	减少出入口与道路间人流干扰
	特殊建筑	观赏距离、位置、角度需要
活动场地（运动场、游戏场）	体育馆、学校、托幼建筑	靠近主体建筑出入口
停车场	高层建筑	立体停车场
	体育建筑、观演建筑、交通建筑	避免交叉、顺应人流来往并靠近建筑附近部位
服务性院落	锅炉房、厨房	隐蔽

4.2.2.1 开敞场地

开敞场地(或称为集散场地)的大小和形状应视公共建筑的性质、规模、体量、造型和所处的地段而定。同时要考虑城市规划部门对建筑广场和绿化指标的要求,广场的设置必须有利于人流集散和组织交通。

开敞场地的设置条件是人流、车流量大而集中,交通组织比较复杂,需在建筑前设置较大场地,如影剧院、体育馆、会堂、航空站、铁路旅客站等建筑;人流活动具有持续不断的特点,交通组织较简单,场地可以略小,如旅馆、饭店和商场等建筑;对于有安静环境要求的学校、医院、图书馆等,虽然人流不甚集中,也需要安排一定的场地成为隔离用的绿化地带,以防道路上噪声的干扰及影响等。

4.2.2.2 停车场

露天停车场分为小客车场、城市公交车站和货车场三类。如遇到基地紧张,建设开敞多层停车构筑物,也称停车场,停车于地上或地下,凡在建筑内均称为车库。根据不同建筑物的性质,按照国家《停车场建设和管理暂行规定》和《停车场规划设计规则》(表4-3、表4-4)中所规定的指标,将停车数的1/3作为室外汽车停车数,通过指标计算出来的自行车数来核算自行车停车面积。有关停车场设计的数据很多,必须掌握的有以下几种:

表4-3 居住区公共停车场或停车库车位控制指标

名称	单位	自行车	机动车
公共中心	车位/100 m² 建筑面积	7.5	0.3
商业中心	车位/100 m² 建筑面积	7.5	0.3
集贸市场	车位/100 m² 建筑面积	7.5	—
饮食店	车位/100 m² 建筑面积	3.6	1.7
医院　门诊所	车位/100 m² 建筑面积	1.5	0.2

表中"机动车"指小汽车,如为其他机动车,换算系数:微型汽车0.7,中型汽车2,大型汽车2.5,铰接车3.5,三轮摩托0.7,小汽车1

表4-4 公共建筑及高级住宅区公共停车场(库)车位控制指标

类别	单位	车位数
旅馆	车位/100 m²	0.08～0.20
办公楼	车位/100 m²	0.25～0.40
商业点	车位/100 m²	0.30～0.40
体育馆	车位/100 座位	1.00～2.50
影剧院	车位/100 座位	1.80～3.00
展览馆	车位/100 m²	0.20
医院	车位/100 m²	0.20
游览点	车位/100 m²	0.05～0.12
火车站	车位/高峰日每100旅客	2.00
码头	车位/高峰日每100旅客	2.00
饮食店	车位/100 m²	1.20
住宅	车位/高级住宅100 m²	0.50

（1）汽车车型

根据车型的具体尺寸确定停车场（库）的面积。应记住一两种典型的车型的全长、全宽、全高的尺寸。如小轿车，以桑塔纳轿车为例，长 4.55 m，宽 1.89 m，高 1.41 m。但是，在设计时，还可以直接选用小汽车的标准车型尺寸 4.9 m×1.8 m×1.6 m；再如客车，即面包车，以 12 座三菱面包车为例，标准车型尺寸宜为 4.39 m×1.69 m×1.99 m；大客车长 7～12 m，宽 2.5 m，高 4 m，记住这些尺寸，并了解其变化情况，在设计时就不会出现"进不去"、"转不过来"等问题。

（2）车位的基本尺寸

各国车位的基本尺寸不尽一致。如垂直式停放时，见图 4-19a，其车位的长、宽及中间通道的宽度尺寸分别为 5.3 m、2.5 m 和 6.0 m。每个停车泊位包括进出通道所占用的面积，可按下列数字估算，一般小型汽车公共停车场按每辆 25～30 m² 计，一般小型汽车库按每辆 30～40 m² 计，大客车停车场按每辆 60～85 m² 计，公共自行车停车场按每辆 1～1.2 m² 计，见图 4-19b。

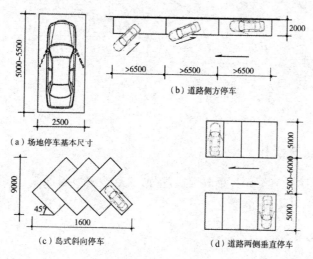

图 4-19a　汽车停车方式

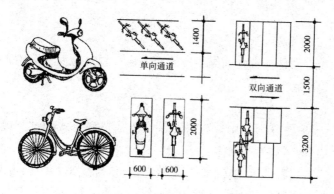

图 4-19b　非机动车停放方式与尺寸

（3）停车场出入口的设计

50辆以上的公共停车场为2个出口；500辆以上的公共停车场为3个出口；出口之间的距离大于15 m。地下停车库200辆以上为2个出口；多层汽车库100辆可设一双车道出入口，停车场出入口宽度不得小于7 m。

（4）通道的最小平曲线半径

通道的最小平曲线半径（R）小型汽车、中型汽车、大型汽车和铰接车最小转弯半径，见图4－19c。

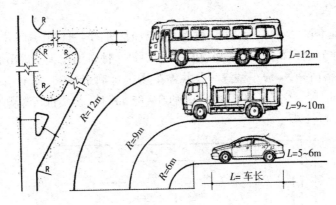

图4－19c　机动车最小转弯半径

4.2.3　室外空间与绿化

绿化是建筑群体外部空间的重要组成部分，它对改善城市面貌、改善小环境、提高绿化率等方面都具有十分重要的意义。

4.2.3.1　绿化率和绿化覆盖率

对于绿化的各项指标，各省市均有自己的管理条例。绿化率为绿化占地面积与总占地面积之比。绿化覆盖率为绿化面积（即地面绿化和屋面绿化）与总占地面积之比。其计算公式为：

绿化率＝绿化占地面积/总占地面积×100%

绿化覆盖率＝绿化面积（即地面绿化和屋面绿化）/总占地面积×100%

4.2.3.2　布置形式

绿化的布置形式主要分为规则式、自然式、传统式及混合式四种。规则式的特点是规则严整、适于平地；自然式为了顺应自然、增强自然之美，多用于地形变化较大的场所；混合式集前两者之长，既有人工之美，又有自然之美；传统式采用中国古典园林手法，将花卉、绿篱结合亭榭等建筑一起经营布置，依山傍水配以竹木、岩石，利用水面组织空间，山色湖光，四季皆宜，因地取势，宛如天然。

在绿化环境布局中，应依照公共建筑的不同性质，结合室外空间的构思意境，配以各种装饰性的建筑小品。突出室外空间环境构图中的某些重点,起到强调主体建筑,丰富与完善空间艺术的作用。因此,常在比较显要的地方,如主要出入口、广场中心、庭园绿化焦点处,设置灯柱、花架、花墙、喷泉、水池、雕塑、壁画、亭子等建筑小品,使室内外空间环境起伏有序、高低错落、节奏分明,令人有避开闹市步入飘逸之境的感受。

这种过渡性的空间,似进入室内空间前的序幕,在空间构图序列中,是极为重要的。当然,建筑小品也不可滥用,要结合环境空间布局的需要巧妙地运用,力求达到锦上添花的效果。

4.2.4　室外空间与建筑小品

所谓建筑小品,是指建筑群中构成内部空间与外部空间的那些建筑要素,是一种功能简明、体量小巧、造型别致并带有意境、富有特色的建筑部件。它们的艺术处理、形式美的加工,以及同建筑群体环境的巧妙配置,可构成一幅幅具有一定鉴赏价值的画面,起到丰富空间、美化环境,并具有相应功能的作用。建筑小品应与周围的环境相协调,给人以美的享受,如雕塑、门、廊、亭、喷泉、水池、花架、路灯、室外椅凳、种植容器、围栏护柱、小桥、环境标志及污物储筒等。城市雕塑按其所起的作用可以分为纪念性雕塑、装饰性雕塑、功能性雕塑等多种类型,一般应反映某种主题,如人民英雄纪念碑,有时根据外形还可以分为圆雕和浮雕。门主要起到方便管理、指示通道的作用。廊主要是指街头画廊以及对风景的点缀。有亭则有生气,街头的快餐亭、书刊亭的设计,应注意结合街道整体进行,避免对景观造成不良影响。在设计喷泉和水池的轮廓时,应注意大小、高低、主次相配。寒冷地区池水容易干涸,影响景观效果,需要慎重处理。汀步是如同漂浮在水面上的断断续续的浮桥。

4.2.5　室外空间与道路

4.2.5.1　道路分类

道路可以分为生活区道路(主、次车行道和宅旁人行甬道)、工业区道路(主次干道、辅助道路、车间引道和回车场)、城市型道路(城市公交道路、自行车道、人行便道)及城乡间高速公路等类型。

4.2.5.2　道路布置的原则

(1)基地内道路应与城市道路相连,其连接处的车行路面应设限速设施,道路应能通达建筑物的安全出口;

(2)沿街建筑应设连接街道与内院的人行通道(可利用楼梯间),其间距不宜大于80 m;

(3)道路改变方向时,路边绿化及建筑物不应在行车有效视距范围内;

(4)基地内设地下停车场时,车辆出入口应设有效显示标志,标志设置高度不应影响人、车通行;

(5)基地内车流量较大时应设人行便道。

4.2.5.3 道路平面

（1）转弯半径

转弯半径是道路在转弯或交叉口处，道路内边缘的平曲线半径。转弯半径的大小，应根据通行车辆的型号、速度和有无挂车等确定。各种车辆在基地内部的最小转弯半径，见表4-5、图4-20。

表4-5 机动车内边缘最小转弯半径

行驶车辆类别	最小转弯半径（m）	行驶车辆类别	最小转弯半径（m）
小客车	6	小客车4~8 t载重货车	6~9
10~15 t载重货车	12	15~20 t载重货车	15
40~60 t载重货车	18	公共汽车	12

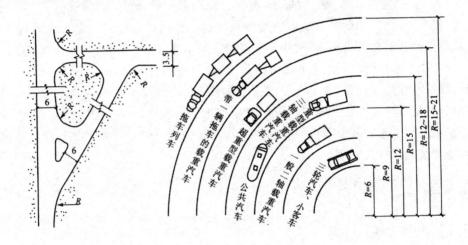

图4-20 机动车最小转弯半径

（2）道路宽度及交叉口视距

道路宽度即行车部分宽度及交叉口视距（不小于21 m）（图4-21）。道路宽度：

单车道3.5 m

双车道6~7 m

机动车与自行车共用时：

单车道4 m

双车道7 m

（3）回车场

尽端式道路应设不小于12 m×12 m的回车场，详见图4-22。道路边缘至相邻建筑物（构筑物）最小安全距离，详见表4-6。

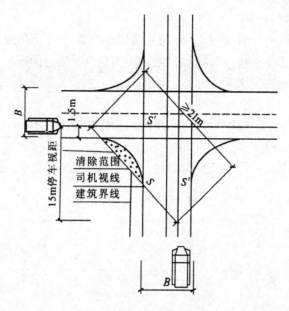

图 4-21　道路交叉口视距

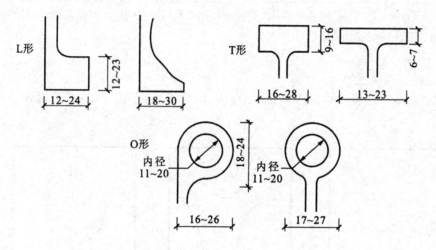

图 4-22　各类回车场形式及尺寸

表 4-6　道路边缘至相邻建筑物(构筑物)的最小安全距离

相邻建筑物(构筑物)		最小距离(m)
建筑物外墙面	当建筑物面向通道一侧无出入口时	5.0~2.0
	当建筑物面向通道一侧有出入口,但出入口不通行汽车时	5.0~2.5
	当建筑物面向通道有汽车出入口时	6.0~8.0
各类管道支架		1.0
围墙		1.0

（4）道路与建筑物的间距

基地内设有室外消火栓时，车行道路与建筑物的间距应符合防火规范的有关规定；基地内道路边缘至相邻建筑物（构筑物）的最小距离应符合现行国家标准《城市居住区规划设计规范》的有关规定，见表4-7。

表4-7　道路边缘至相邻建筑物（构筑物）最小距离（m）

与建筑物 （构筑物）的关系		道路级别	居住区道路	小区路	组团路及 宅间小路
建筑物 面向道路	无出入口	高层	5	3	2
		多层	3	3	2
	有出入口		—	5	2.5
建筑物的山墙 面向道路		高层	4	2	1.5
		多层	2	2	1.5
建筑物的围墙面向道路			—	1.5	1.5	1.5

注：居住区道路的边缘是指道路红线；小区路、组团路及宅间小路的边缘指路面边缘，当小区没有人行便道时，其道路边缘指便道边缘

（5）道路基本布置形式

道路的基本布置形式包括环通式、半环式、内环式、风车式、尽端式及混合式，见图4-23。

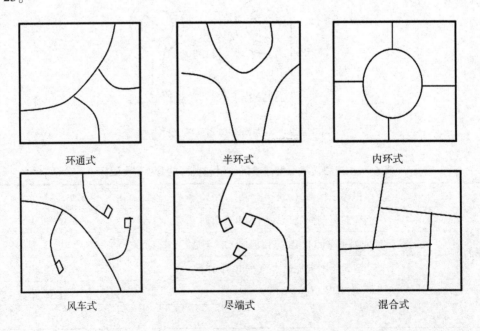

环通式　　　　　　半环式　　　　　　内环式

风车式　　　　　　尽端式　　　　　　混合式

图4-23　道路的基本布置形式

4.3 外部环境设计的因素分析

外部环境设计的因素主要从自然条件、地质条件、市政条件、人文条件、风俗习惯、规划因素、法规因素及技术经济因素等方面进行分析。

4.3.1 自然条件

4.3.1.1 气象条件

气象条件主要包括日照、温度、湿度、降水与气流等。

(1)日照

日照是表示能直接见到太阳照射时间的量,具有重要的卫生价值,也是用之不尽的能源。在不同纬度的地区,太阳辐射强度与日照率存在差别,这也是确立建筑的日照标准、间距、朝向和进行建筑的遮阳设施及各项工程热工设计的重要依据。

日照标准是建筑物的最低日照时间要求,与建筑物的性质和使用对象有关。我国地域辽阔,不同区域会有不同的日照系数。《民用建筑设计通则》对不同建筑的日照标准做了如下规定:

①住宅应每户至少有一个居室、宿舍,每层至少有半数以上的居室能获得冬至日满窗日照不少于1 h。

②托儿所、幼儿园、老年人、残疾人专用住宅的主要居室,医院、疗养院至少有半数以上的病房和疗养室,应获得冬至日满窗日照不少于3 h。

《城市居住区规划设计规范》对住宅的日照做了更详细的规定,并按建筑气候分区和城市规模大小将日照标准分为三个档次:第Ⅰ、Ⅱ、Ⅲ、Ⅷ气候区的大城市不低于大寒日日照2 h,第Ⅰ、Ⅱ、Ⅲ、Ⅶ气候区的中小城市和第Ⅳ气候区的大城市不低于大寒日日照3 h,第Ⅳ气候区的中小城市和第Ⅴ、Ⅵ气候区的各级城市不低于冬至日日照1 h。一个地区的日照条件可以用全年日照率这个指标来衡量。全年日照率是全年阳光直射的天数与365天的比值。冬季日照率低于其他季节。我国年平均日照率以青藏高原、甘肃和内蒙古等干旱地区为最高(70% ~80%);四川多数地区处在盆地,还有贵州东部、北部及湖南西部最少,不到30%。

大寒日、冬至日是两天最差的日照,满窗有效日照两小时(大城市),有效日照时间带为8时到16时。满窗日照,北方的喇叭口窗户及竖窗可以更多地接收阳光;南方采用的横窗可以获取更多的自然风入室。反之,有些房间是不能有太阳光直射的,如美术教室、展览室,存放古董的房间,紫外线分解室、纺织车间等。

日照标准是用棒影图方法、高度角方法、方位角方法等来测定的。根据建筑物所处的气候区、城市大小和建筑物的使用性质确定,在规定的日照标准日(冬至日或大寒日)的有效日照时间范围内,以底层窗台面为计算起点,计算建筑外窗获得的日照时间。

(2)温度

所采用温度值是平均值,极端的条件不予考虑。沿用气象温度,而不用表面温度。

温度随环境不同,要求不同,因此,需要建筑来解决,温差越大,解决的需求越大,对建筑的要求越高。美国人做过一个实验:人近乎裸体的状态,若剧烈运动,宜人室温为14℃,低于14℃,人体机能降低;一般运动,宜人室温为16℃;静止时,宜人室温为22℃~24℃。

因此,在考虑温度条件时,进行设计所要坚持的一个原则是:越是极端的温度条件,与理想温差越大,建筑越应抱团,如正方体及球体;一次性投入与后期追加投资,应验证哪种方案更合理;总图的布局与建筑形态很关键。

保罗·安德鲁设计的中国国家大剧院(图4-24),就建筑降温这一点,在节能、经济方面考虑不够周全。建筑的投资永远收不回来。

图4-24 中国国家大剧院

(3)湿度

湿度即空气中含有的水蒸气的量与体积之比。较舒适且宜人的湿度是40%~90%,越靠近地面湿气越重,越往高越干,因此,南方多干阑式建筑。与温度关联,通常一起影响建筑的布局。如徽州民居在环境的温湿度调节方面具有独到之处,如图4-25所示。

(4)降水

降水对场地的影响主要表现在降水量、降水季节分配和降水强度等方面,它直接影响地表径流和引起地面积水,并影响城市的防洪和排水设施的设计与建设。因而,在进行场地内有关竖向布置、结排水设计、道路布局和防洪设计等工作时,应根据当地降水规律和特点,妥善解决场地排水、防洪等问题。在设计时要做到不漏和排水通畅,也要考虑雪的荷载。水表面有张力,在粗糙的地面上流淌要1%以上的坡度,主要选取1%~3%,最小0.5%的坡度,当场地的自然坡度大于8%时,应选台地式。建筑的场地没有绝对平的,一定要考虑场地排水。

(5)风象

风象包括风向、风速和风级。风向是指风吹来的方向,一般在一个地区不是永久不变的。在一定的时期里(如一月、一季、一年或多年)累计各风向所发生的次数,占同期观

图4-25 徽州民居

测总次数的百分比,称为风向频率。风向频率最高的方位称为该地区或该城市的主导风向。在风玫瑰图中,距离圆心越远表示频率越大。风速,在气象学上常用空气每秒流动多少米(m/s)来表示风速的大小。风级,即风力的强度,如图4-26a所示。

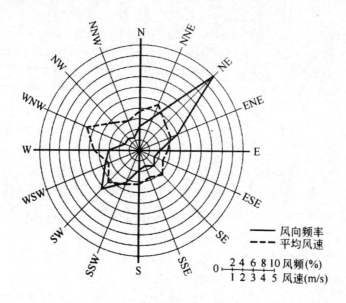

图4-26a 某城市累计风向频率、平均风速玫瑰图

掌握当地的主导风向,利于安排建筑物通风及将有污染的部分布置在下风向。我国南方和北方地区受风向的影响迥然不同。北方地区需要考虑到冬季的防风、保暖问题,道路走向、绿地分布和建筑布置等应避开冬季的主导风向的影响;南方地区则因夏季炎

热,在场地设计中要充分考虑夏季主导风向的影响,有利于场地的自然通风为主要考虑因素。自然通风的通风间距为4~5H以上,成角(与主导风向成30°~60°)导入或交错排列,从各排迎风面进风,如图4-26b所示。

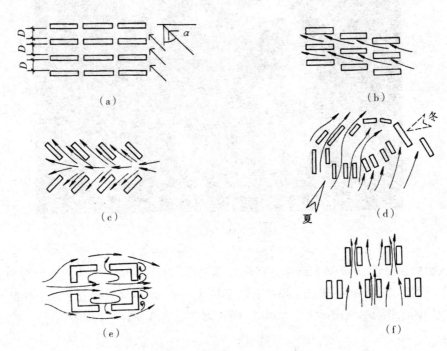

（a）　　　　　　　　　　　　　　（b）

（c）　　　　　　　　　　　　　　（d）

夏

（e）　　　　　　　　　　　　　　（f）

图4-26b　建筑与风向的位置关系

（a）行列式布置,α为风入射角,D为通风间距;（b）行列式布置,错开风斜向送入,通风效果更好;（c）斜向布置,有利于自然风引入;（d）严寒地区在进行建筑布置时,既要有利于夏季风的引入,又要有利于阻挡冬季风的侵袭;（e）周边布置,易产生涡流,通风不利;（f）行列式布置,与夏季风平行,室外通风好,但不易在室内形成穿堂风。

4.3.1.2　地质条件

对场地的地质条件进行分析,主要考虑场地的地质稳定性,各项建筑物地基承载力和有关工程设施的经济性等方面,具体包括地表组成物质和不良地质现象两方面。

（1）地表组成物质

地表组成物质对建筑物的影响通常用地基承载力（或称地耐力）表示,即单位面积地表面的荷载能力。各种建筑物、构筑物对地基承载力具有不同的要求。一般民用建筑取决于其建筑物的性质、层数、结构及基础形式等,差别较大;道路与市政建设用地一般要求在50 kN/m² 左右。

（2）不良地质现象

一些不良地基的土壤,如泥炭土、大孔土、膨胀土、低洼河沟地的杂填土等,常在一定条件下改变其物理性状,引起地面变形或地基陷落并造成基础不稳,使建筑物发生裂缝、变形、倒塌。这类用地一般不宜作为建筑用地使用。因条件所限而必须加以利用时,须采取防湿、排水、填换土层、桩基等相应工程措施。不良地质现象有冲沟、滑坡、崩塌、断层、岩溶、地震等。

从防震观点看,建筑场地可划分为对建筑抗震有利、不利和危险的地段,详见表4-8。

表4-8　各类地段的划分

地段类别	地质、地形、地貌
有利地段	坚硬土或开阔、平坦、密实、均匀的中硬土等
不利地段	软弱土,液化土,条状突出的山嘴,高耸孤立的山丘,非岩质的陡坡,河岸和边坡边缘,成因、岩性、状态明显不均匀的土层(如河道、断层破碎带、暗埋的塘、浜、沟谷及半填半挖地基)等
危险地段	地震时可能发生滑坡、崩塌、地陷、地裂、泥石流等及发展断裂带上可能发生地表位错的部位

4.3.1.3　水文条件

(1)地表水

地表水主要指江、河、湖、海与水库等地表水体,可以分为地表径流水和地表积水两类。地表径流水一般是冲刷形成的,有固定的流淌方向,具有相对稳定的流量。地表积水是指浸泡稳定的水量,没有固定的流淌方向。

(2)地下水

地下水主要包括地下吸附水、地下径流水等。当地下吸附水水位线高于建筑时,意味着建筑构件要泡在水里。建筑在地下水位线以下时,构件都要耐水。地下水的水位是变化着的,需要谨慎处理。

在设计时不要过于追求浪漫,在河岸边盖房,要注意水位线的高低。在湖边盖房,要用湿硬性材料,如混凝土等。

4.3.1.4　地形条件

不同的地形条件,对场地的功能布局,道路的走向和线型,各种工程的建设,以及建筑的组合布置与形态等,都有一定的影响。从自然地理宏观地划分地形的类型,大体有山地(坡度>8%)、丘陵(坡度5%~8%)与平原(坡度<5%)三类。山地具有风景好、空气新鲜、土方量大、交通不便、土方平衡等特点,如图4-27所示。

(1)地貌

地貌是指地表面的高低起伏状态,包括山地、丘陵和平原等。地形图上表示地貌的方法主要是用等高线法。等高线的种类,如图4-28所示。

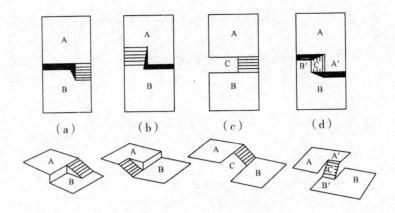

图 4-27　场地高差设计

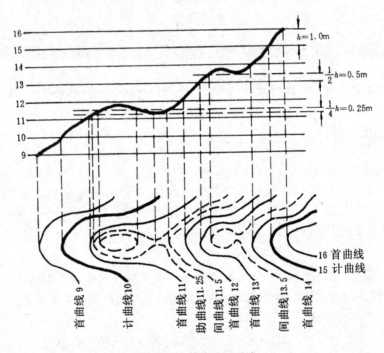

图 4-28　等高线的种类

(2)风景

风景,即场地中好看的环境资源条件,包括现实的风景资源、潜在的风景资源等。

(3)纪念物

只要对某一些人、事件等具有纪念意义的地方,就不能轻易变动,需要保护及利用。如德国维斯玛老港口旧厂房改造和利用设计,如图 4-29 所示。

(4)植物

需要了解植被的生存条件、品种等。乔木包括落叶乔木和常绿乔木,是环境设计构图的远景;灌木包括落叶灌木和常绿灌木,其气势不及乔木,是环境设计构图的中景,灌木长刺,注意行人的安全;草木有杂草、自然草木之分,是环境的铺垫。

图 4-29　德国维斯玛老港口旧厂房改造和利用设计

维斯玛(Wismar)是德国北部的一个海滨城市,濒临波罗的海,曾是前东德重要港口城市,始建于 1229 年,后逐步发展成德国较大的海港贸易城市。20 世纪后,以造船业为主,兼冶金、制糖、木材加工、鱼类加工等。但自两德统一后,维斯玛的经济急剧衰退。兴建于 20 世纪六七十年代的一批工厂相继破产,遗留下一大批废弃的工业厂房。老港口虽说是一幅工业厂房破败不堪的颓废情景,但维斯玛的居民对老港口怀有深厚的情感,乐于在这片区域散步、消遣,出于对往昔岁月的怀念,老港口倒是成为了维斯玛人和旅游者最频繁光顾的景点之一。恰逢 2009 年柏林墙推翻 20 周年,德国各地对于两德合并都举办了诸多纪念活动,维斯玛正处于原东西德交界处,经历了那个动荡岁月的人们,对于修缮港口工业区的呼声也日渐高涨。维斯玛港口历史建筑改造工程就是在这样一个背景下开始的。

4.3.2　市政条件

4.3.2.1　道路及停车场地——动态交通及静态交通

公路承担两个地区的交通。铁路保证大宗货物连续运输。水运较为廉价,但是速度慢;航运成本高,速度快。

(1)通行能力

单位时间内每条道路通过交通工具数量的最大值为通行能力。

(2)通行方向

建筑不能建立在纯粹的步行街上,也不能建在运输、消防通道上。

(3)道路切口

道路切口是建设用地与外界现有道路相连接处,选择原则为:需要突出的建筑,要选择最主要的道路设置切口;不需突出的建筑,还要考虑安全、集散的功能需要,切口选择在交通量不太大的街道上,如幼儿园建筑;切口选择要使车行从容,不可以在公交车站附近。

（4）停车场的布局

大门的周围是最好的停车场位置,即尽量靠近目的地;坡道大于5%不宜设停车场;车进出要方便,车辆多时,要单进单出;满足各类人(残疾人)对停车的需求(残疾人车位比标准车位宽1.5 m);要考虑地域的限制,如南方遮阳,北方防冻。

作为停车应用地性质应该单一,具有排他性。可以将停车场地做成鹅卵石地面,1/5露头,4/5扎入混凝土。

4.3.2.2　水

（1）给水

给水的种类有饮用水(直接能喝)、洗涤热水(洗澡等)、洗涤冷水(平常所用自来水)、冲厕所(北京用中水即中等干净水)。

给水要做到物尽所需。给水要具有可靠性。越是大型公共建筑,对供水的可靠性要求越高。

（2）排水

排水的种类有雨水、生活污水、工业污水等。雨水单独做排放系统是明智的,生活污水、工业污水需单独收集和排放。

（3）电

电的种类包括强电、弱电等。强电是动力电,普通民用电,如220 V、360 V、380 V等;弱电是信号电,要注意屏蔽与保护,防止信号损失。发达国家淘汰220 V,推行110 V,电压小,电流损失大。

设计时要考虑来电方向,距离越短越好。我国的来电方向为:高压→变电所(高压→低压)→配电所(同等电压,输送到各空间)。其可靠性非常重要,依赖程度很高的建筑如医院必须持续供电,需加发电机组。

（4）暖

供暖的热媒主要有煤、煤气、油等。区域供给方式,便于控制污染,保护环境,但损失大;热媒供给方式,有一个标准值,如不够需要自己补给;独立供给方式,经济、有污染、损失小。

（5）气

燃气种类有煤气、石油液化气、天然气等,煤气的管线压力低,泄漏可能性小;石油液化气,易产生危险;天然气与煤气差不多。

供给方向,进户方向很重要,当空间不用气时,禁止管线穿越,避免管线穿越不使用房间;供给压力越低越安全,煤气加油站很危险,需要埋在地下,用砂子覆土;供给量达到够用的标准;安全保障;合理布置,不要让煤气管线与高压电、弱电布置得太近。

管线必须由建筑师统筹;合理分配资源,压力管线让重力自流管线,小的管线让大的管线;越容易维修的越优先,越笨重的越优先。管线布置的手法是只准走地下(地沟、半通行地沟和直埋),不能走地面,更不能走天上;要有避讳,煤气管线不能挨高压电线;管线综合时尽量按交通规则——协调。

4.3.3　规划因素

场地设计需要考虑的规划因素有用地控制(主要是用地性质)、产权界限、容积率、建筑密度等。

建筑用地边界线是业主(开发商、建设单位或土地使用者)所取得土地使用权的土地边界线,建筑用地边界线受到若干因素的限制。

征地范围由城市管理部门根据城市规划要求而规定,包括建设用地、代征道路用地、代征绿化用地等,如图 4 - 30a 所示。

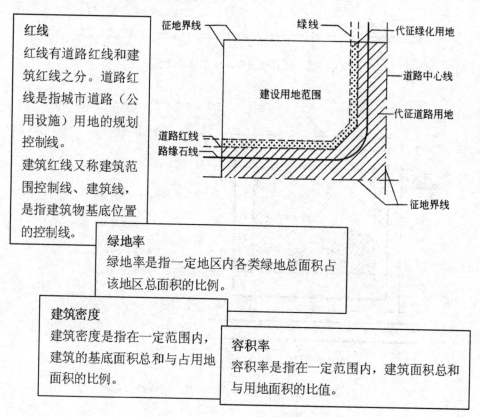

红线
红线有道路红线和建筑红线之分。道路红线是指城市道路(公用设施)用地的规划控制线。
建筑红线又称建筑范围控制线、建筑线,是指建筑物基底位置的控制线。

绿地率
绿地率是指一定地区内各类绿地总面积占该地区总面积的比例。

建筑密度
建筑密度是指在一定范围内,建筑的基底面积总和与占用地面积的比例。

容积率
容积率是指在一定范围内,建筑面积总和与用地面积的比值。

图 4 - 30a　征地范围和建筑用地范围

因规划需求,往往在道路红线以外另定建筑控制线,称为红线后退。建筑范围控制线与红线之间的用地,归基地持有者所有,亦供其使用,可布置道路、绿化、停车场及某些非永久性建筑物、构筑物等,并计入用地面积参加其他指标的计算,如图 4 - 30b、图 4 - 30c 所示。

另外,外部环境设计的影响因素还包括人文因素、法规因素、技术经济因素等方面。场地设计需要考虑的人文因素包括风俗习惯、生活条件等;需要考虑的法规因素有消防、人防、绿化、环保等方面的法律法规;场地设计需要考虑的技术经济因素有经济条件、材料技术、施工技术等方面内容。

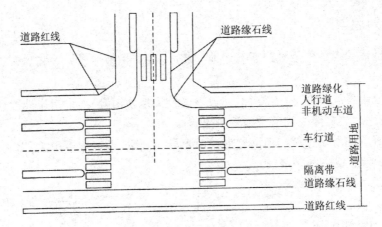

图 4 - 30b 道路红线与城市道路用地关系

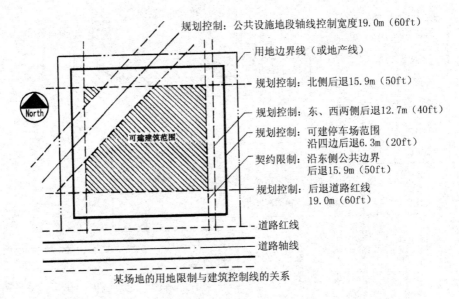

图 4 - 30c 某场地的用地限制与建筑控制线的关系

4.4 外部环境设计的步骤

外部环境设计的步骤包括前期准备工作、设计工作和回访总结等三个阶段。

4.4.1 前期准备工作

4.4.1.1 明确任务

接受任务时要明确三方面内容:

(1)建筑的目的性

接受任务首先要了解任务的内容和规模,要设计一个什么样的建筑,即建筑项目的特定条件。

（2）建筑的地点性

建在什么地方,场地范围多大,即红线范围。其所在地域的重要程度、周围环境、邻里关系、场地内的自然条件、退让距离要求。

（3）建筑的时间性

建筑是永久性的还是临时建筑,要求多长时间完成设计。

4.4.1.2　订立设计目标

订立设计目标可以概括为三个方面:

（1）经营目标

经营目标往往由建设单位或业主决策,与业主的管理政策、使用观念、基本利润与动机、经营策略等有关,应在设计任务书中予以明确。

（2）效用目标

效用目标取决于设计成果最终建成时的现实需要,由使用、功能、造型、经济、时间等相关因素形成,需要建筑师与业主共同研讨。

（3）人性目标

人性目标泛指人类一般共同的欲望与需求,主要是指在社会学、心理学层面上与人性价值有关的需要,建筑师应依据建设项目的具体要求与条件加以选择。

4.4.1.3　拟订设计工作计划

拟订设计工作计划包括人员构成与组织、设计程序与进度、设计成果、成本控制等内容,用以指导、控制场地设计全过程。

4.4.1.4　设计调研

设计调研包括场地现状基础调查和同类型已建工程的调查两方面。

（1）场地现状基础调查

场地现状基础调查主要调查场地范围、规划要求、场地环境、地形地质、水文、气象、建设现状、内外交通运输、市政设施等基础资料。

（2）同类型已建工程的调查

对同类型已建工程进行调查是为迅速了解同类工程的发展状况及其经验、教训等,为场地设计提供更好的依据和参考。

4.4.2　设计工作

（1）初步设计

初步设计应遵照国家和地方有关法规政策、技术规范等要求,并根据批准的可行性报告、设计任务书、土地使用批准文件和可靠的设计基础资料等,编制出指导思想正确、技术先进、经济合理的场地总体布局设计方案,并与建筑初步设计一道提供给有关土地管理部门审批。其方法步骤是按使用功能要求,计算各个建筑物和构筑物的面积、平面形式、层数、确定出入口位置等。按比例绘出建筑物、构筑物的轮廓尺寸，剪下试行几个方案，用草图纸描下较好的方案。将各方案做技术经济比较，经反复分析、研究和修改，最后绘出两个或两个以上的总平面方案草图，供有关单位会审使用。

初步设计阶段的成果包括设计说明书、区域位置图、总平面图、竖向设计图、内业等。其中说明书包括设计依据及基本资料、概况、总平面布置、竖向设计、交通运输、主要技术经济指标及工程概算、特殊的说明等方面。

(2)施工图设计

设计施工图的目的是深化初步设计，落实设计意图和技术经济指标及概算等。其内容有建筑总平面布置施工管线图及说明书等。其内容要求是指建筑总平面布置施工图为1/500 或1/1 000，其中地形等高线、建筑位置、新设计的建筑用粗实线绘制；管线布置图是指给水、排水和照明管线，总平面设计人员需要出一张管线综合平面布置图；说明书一般不单独出，需要文字说明的内容可以附在总平面布置施工图的一角。

施工图设计的内容有设计说明、总平面图、竖向布置图、土方图、管线综合图、绿化与环境布置图、详图及计算书等。

4.4.3　回访总结

设计工作结束后，应立即着手进行技术总结，形成设计总结、技术要点等文件，并与有关设计文件一并归档。在工程施工的过程中，设计人员还应定期了解工程进展情况，及时帮助解决施工现场出现的有关问题；当某些客观条件或其他因素发生变化而需要补充、修改设计时，设计人员更应深入现场，在认真细致地调查和研究的基础上，及时做出切合实际的修改和补充设计。

回访总结既可以看作是对一个已建的项目的使用情况的调查、了解，又可以把这部分工作看作是后续的同类新项目的开始阶段，作为建筑策划前期工作的一个重要环节之一。

4.5　外部环境(即场地)设计的基本原则和总平面设计要点

4.5.1　外部环境(即场地)设计的基本原则

虽然各类场地设计因性质、规模以及自然条件、建设条件不同而异，但在结合场地具体实际情况的同时，一般应遵守如下基本原则：

4.5.1.1　认真贯彻执行国家有关方针、政策

场地设计应体现国家的有关方针、政策，切实注意节约用地，在选址中不占或少占良田，尽量采用先进技术和有效措施，使用地得到充分合理的利用。贯彻执行"适用、经济、在可能的条件下注意美观"的原则，正确处理各种关系，力求发挥投资的最大经济效益。

4.5.1.2 符合当地城市规划的要求

场地的总体布局,如出入口位置、交通线路的走向、建筑物的体型、层数、朝向、布局、空间组合、绿化布置等,以及有关建筑间距、用地和环境控制指标,均应满足城市规划的要求,并与周围环境协调统一。

4.5.1.3 满足生产、生活的使用功能要求

场地布局应按各建筑物、构筑物及设施相互之间的功能关系、性质特点进行布置,做到功能分区合理、建筑布置紧凑、交通流线清晰,避免各部分之间的相互干扰,满足使用功能要求,符合使用者的行为规律。工业项目的常规设计,必须保证生产过程和工艺流程的连续、畅通、安全,力求使生产作业方便,避免交叉干扰。

4.5.1.4 技术经济合理

场地设计必须结合当地自然条件和建设条件因地制宜地进行。特别是在确定建设项目工程规模、选定建设标准、拟定重大工程技术措施时,一定要从实际出发,深入调查研究和进行充分的技术经济论证,在满足功能的前提下,努力降低造价,缩短施工周期,减少工程投资和运营成本,力求技术上经济合理。

4.5.1.5 满足交通运输要求

场地交通运输线路的布置要短捷,通畅,避免重复、交叉,合理组织人流、车流,减少其相互干扰与交通折返。其内部交通组织应与周围道路交通状况相适应,尽量减少场地人员、货物出入对城市主干道交通的影响,并避免与场地无关的交通流在场地内的穿行。

4.5.1.6 满足卫生、安全等技术规范和规定的要求

建筑物、构筑物之间的间距,应按日照、通风、防火、防震、防噪音等要求及节约用地的原则联合考虑。建筑物的朝向应合理选择,如寒冷地区应避免西北风和风沙的侵袭,炎热地区应避免西晒并利用自然通风。散发烟尘、有害气体的建筑物、构筑物,应位于场地下风方向,并采取相应措施,避免污染环境。

4.5.1.7 竖向布置合理

充分结合场地地形、地质、水文等条件,进行建筑物、构筑物、道路等的竖向布置,合理确定其空间位置和设计标高,做好场地的整平工作,尽量减少土石方工程量,并做到填、挖土石方量的就地平衡,有效组织场地地面排水,满足场地防洪的要求。

4.5.1.8 管线综合布置合理

合理配置场地内各种地上地下管线线路,管线之间的距离应满足有关技术要求,便于施工和日常维护,解决好管线交叉的矛盾,力求布置紧凑、占地面积最小。

4.5.1.9 合理进行绿化布置与环境保护

场地的绿化布置和环境美化要与建筑物、构筑物、道路、管线的布置一起全面考虑、统筹安排,充分发挥植物绿化在改善小气候、净化空气、防灾、降尘、美化环境方面的作用,并注意绿化结合生产。场地设计应本着建筑环境建设与保护环境相结合的原则,按照有关环境保护的规定,采取有效措施防止环境污染,通过适当的设计手法和工程措施,把建设开发和保护环境有机结合起来,力求取得经济效益、社会效益和环境效益的统一,创造舒适、优美、洁净并具有可持续发展的生活环境。

4.5.1.10 合理考虑发展和改扩建问题

考虑场地未来的建设与发展,应本着远近期结合、近期为主,近期集中、远期外围,自内向外、由近及远的原则,合理安排近远期建设,做到近期紧凑、远期合理。在适当预留发展用地,为远期发展留有余地的同时,避免过多、过早占用土地,并注意减少远期废弃工程。对已建成项目的改进、扩建,首先要在原有基础上合理挖潜,适当填空补缺,正确处理好新建工程与原有工程之间的新老关系,本着"充分利用,逐步改造"的原则,通盘考虑,做出经济合理的远期规划布局和分期改造、扩建计划。

4.5.2 外部环境(即场地)总平面设计要点

(1)场地总平面设计应以所在城市的总体规划、分区规划、控制性详细规划,以及当地主管部门提出的规划条件为依据。

(2)场地总平面设计应结合工程特点,注重节地、节能、节约水资源,以适应建设发展的需要。

(3)场地总平面设计应结合用地自然地形、周围环境、地域文脉、建筑环境,因地制宜地确定规划指导思想,并力求新意、有特色。

(4)场地总平面设计应崇尚自然,保持自然植被、自然水域、水系、自然景观,保护生态环境。

(5)场地总平面设计应功能分区合理,路网结构清晰,人流、车流有序,并对建筑群体、竖向、道路、环境景观、管线设计进行综合考虑,做到统筹兼顾。

(6)场地内建筑物布置应按其不同功能争取最好的朝向和自然通风。满足防火和卫生要求。居住建筑、学校教学用房、托儿所、幼儿园、医疗、科研实验室等需要安静的建筑环境,应避免噪声干扰。

(7)公共建筑应根据建筑性质满足其室外场地及环境设计的要求,应分区明确,做到集散人、车交通组织流线合理。

①小学校、幼儿园和住宅之间应有便利安全的人行系统。学校、幼儿园大门不应开向城市交通干道。其人口和城市道路之间应有 10 m 以上的缓冲距离,以便于临时停车及人员集散。

②商业服务等项目宜集中布置,以便于形成规模,便于使用管理。

③供电、供气、供热等设施应靠近其主要服务对象或位于负荷中心。锅炉房宜设在

下风向。

（8）建筑物退后用地红线和退后道路红线的距离应按规划设计条件和《民用建筑设计通则》的要求执行。

（9）规划总平面布局如需考虑远期发展时，必须考虑结合近期使用，以达到技术、经济上的合理性。

（10）总平面设计应考虑采取安全及防灾（防洪、防海潮、防震、防滑坡等）措施。

（11）总平面建、构筑物定位应以测量地形图坐标定位。其中建筑物以轴线定位，有弧线的建筑物应标注圆心坐标及半径。道路、管线以中心线定位。如以相对尺寸定位时，建筑物以外墙面之间的距离尺寸标注。

本章小结

外部环境由道路、边界、区域、节点、标志物构成；影响外部环境设计的因素有自然因素、市政因素、人文因素、风俗习惯、规划因素、法规因素及技术经济因素等；环境设计的步骤包括准备工作、初步设计和回访总结等三个阶段；在进行外部环境设计时应坚持经济、合理、实用、美观等多项原则，进行平面设计时要从生态、环境、安全等方面考虑。

思考题

1. 结合三亚凤凰岛七星级酒店等设计谈一谈外部环境设计的目的。

2. 结合凯文·林奇的《城市意象》一书，理解城市设计的五要素在外部环境设计中的应用。

3. 什么是"十分之一理论"（One – tenth theory）？

4. 简述在组团建筑外环境中，建筑高度（H）与临幢间距（D）的比例关系对外部空间形态的影响。

5. 试分析威尼斯圣马可广场的空间环境特点。

6. 简述在场地设计中道路切口的选择原则。

7. 什么是建筑红线？容积率？建筑密度？

8. 建筑场地设计有哪些影响因素，举例说明并画出草图。

第5章 建筑与技术

建筑空间和建筑造型的构成要以一定的工程技术为手段,一定功能必须要有与之相适应的空间形式。然而,能否获得某种形式的空间,主要取决于工程结构和技术的发展水平。如古希腊就曾经出现过戏剧活动,那时已经具有建造剧场的要求,可是由于技术条件的限制,人们不能获得容纳数千人的巨大空间,因而剧场只能采取露天的形式。可见,功能与空间形式的矛盾从某种意义上表现为功能与结构之间的矛盾。

5.1 建筑结构技术

要研究结构与建筑的关系,我们需要了解建筑物所能承受的荷载,及在荷载作用下建筑物产生的变形和为抵抗这些变形所采用的各种结构形式。不同的结构形式使得建筑物呈现出形态各异的特征。

5.1.1 技术理念

5.1.1.1 对待技术的态度

对待技术的态度有积极的和消极的两类,分别以包豪斯学派、工艺美术运动为代表。

19世纪50年代,英国出现了工艺美术运动,它是针对工业革命机械化大生产所带来的产品千篇一律、呆板无味的特点,提倡艺术化手工业产品,强调返璞归真和师承自然,反对机器制造产品和使用玻璃钢材等工业材料,忠实于材料本身的特点,反映本身的质感而倡导的一场运动。工艺美术运动的先驱者之一莫里斯主张手工制作,排斥工业技术,其主要作品是魏布设计的莫里斯红屋,如图5-1。

图5-1 莫里斯红屋

包豪斯学派则是工业技术的代表,把建筑、绘画、雕塑等熔为一炉,主张集体创作、典型作品推广生产等,注重对材料的接触和认识,打破了艺术家与手工业者的差别。

5.1.1.2　对待新材料、新技术的态度

空间的要求与技术的进步之间的互相促进,使得建筑与技术的发展相互依存。新建筑运动时期,新材料给人带来意想不到的效果,如伦敦的"水晶宫"(图5-2)在建筑史上具有划时代的意义。

图 5-2　水晶宫

"水晶宫"是专为1851年伦敦第一届世界工业产品大博览会而设计建造的一座展览馆。位于伦敦海德公园内,是英国工业革命时期的代表性建筑。由英国园艺师 J. 帕克斯顿设计,按照当时建造的植物园温室和铁路站棚的方式设计,大部分为铁结构,外墙和屋面均为玻璃,整个建筑通体透明、宽敞明亮,故被誉为"水晶宫",总共施工不到九个月的时间,在建筑史上具有划时代的意义,其功能是全新的,巨大的内部空间,最少阻隔;快速建造,工期不到一年;造价大为节省;新材料和新技术的运用达到了一个新的高度;实现了形式与结构、形式与功能的统一;摒弃了古典主义装饰风格,开辟了建筑形式的新纪元,它的特点是轻、光、透、薄。

5.1.1.3　技术文化

技术文化是以技术作为历史的代表。如英国贝丁顿零能耗发展住区(图5-3)代表了不同时期建筑的技术文化特点,它是世界上第一个生态住区,设计者比尔·邓斯特(Bill Dunster)利用相应的新技术手段来支持自己的生态设计理念,追求光电能源的转换,减少化石能源的消耗。在建筑造型上,通过各种新技术装置形成了富有个性的技术化造型。设计师将太阳能、风能装置看作是新造型语汇,让其兼顾技术本身功效的同时,又要符合造型审美的要求,还要经得起色彩、尺度和工艺等的推敲,保证了技术与建筑完美的结合,是一个节能减排设计理念下的作品。

5.1.2　建筑荷载

与自然界所有物体一样,建筑承受了各种力,最常见的是地心引力——重力。建筑的屋顶、墙柱、梁板和楼梯等的自重,称为恒荷载;建筑中的人、家具和设备等对楼板的作用,称为活荷载。这些荷载的作用力方向都朝向地心,在这些力的作用下,建筑有可能发生沉降甚至倾斜(图5-4)。另外,导致建筑发生沉降甚至可能倾斜的因素还有寒冷地区

图 5-3 贝丁顿零能耗发展住区

英国贝丁顿零能耗发展住区是建筑生态技术理念应用的典型,在建筑的屋顶或垂直墙面的太阳能、风能(如捕风器)等的设计中系统解决了设备本身功效的发挥与其色彩比例、工艺构造等之间的矛盾问题,保证技术与艺术完美的结合。

的积雪,热带地区的台风,地震及火山活动区的地震力等。我们发现,风力、地震力多是沿水平方向作用给建筑的(图 5-5)。

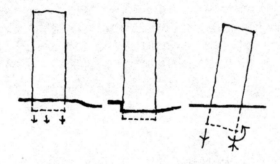

图 5-4 建筑的沉降

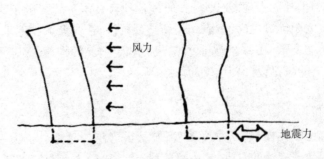

风力

地震力

图 5-5 建筑在水平力作用下

5.1.3　变形和位移

荷载作用下的建筑变形和位移通常有弯曲、扭曲、沉降、倾覆、裂缝等。很多时候,这些变形或位移并没有被人们发现,如建筑的沉降。特别值得我们关注的是,建筑构件在力的作用下的变形,最主要的就是弯曲,见图 5-6。

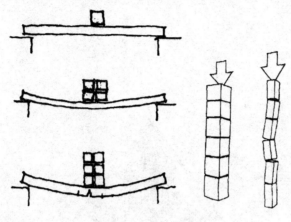

图 5-6　弯曲和失稳

某些材料,如钢筋混凝土的梁板是允许出现肉眼难以发现的微裂缝的。当裂缝开展到一定程度,即使构件没有垮塌,但是由于它已经不具备需要的抗弯能力了,所以宣告破坏。构件在力的作用下会变形,还会产生位移,如高楼在大风的作用下会出现摇摆,越高处位移越大。我们设法去抵抗或减弱这些位移,需要构件具有一定的刚度,见图 5-7。

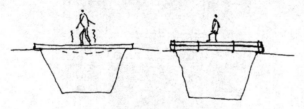

图 5-7　构件的刚度

构件的某些部位通过增加约束而使受力位移得以控制。从简单的独木桥发展到桁架桥,又由桁架桥启发了桁架式建筑的产生,人们对力学的认识逐步深入,对材料和结构类型的选择运用也越来越科学,如图 5-8、图 5-9、图 5-10 所示。

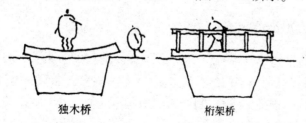

独木桥　　　　　　桁架桥

图 5-8　桥的变迁一

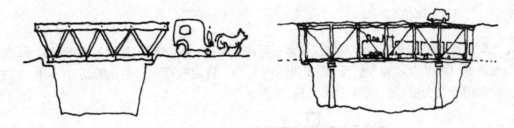

图 5-9　桥的变迁二

图 5-10　桁架式建筑

5.1.4　结构选型

5.1.4.1　结构选型的意义

　　一幢完美的建筑,它不仅要符合功能要求、体现造型的艺术美,而且要体现结构的合理性,也就是说,只有建筑和结构的有机结合,才是一幢完美无缺的建筑。

　　一般来说,结构工程师的责任要比建筑师的责任大。由于结构的重要性,所以在确定该幢建筑使用寿命的同时,还必须考虑到人们的生命和财产的安全。作为一名建筑师,在设计一个建筑方案的同时,必须考虑到在整个方案的实施过程中,结构上有没有实现的可能性,它将采用何种结构形式? 施工过程中有哪些困难? 因此,要求每一位建筑师对所有的结构形式和特点,以及它们的基本力学原理和构造有一个全面的了解和掌握,这样才能使一个建筑方案不会成为一纸空文。罗马小体育宫是内容和形式统一的典范,见图 5-11。

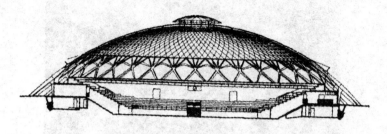

图 5-11　奈维设计的罗马小体育宫

5.1.4.2　结构选型的基本原则

(1)满足功能要求

满足功能要求是建筑设计的根本所在,如观演类建筑的观众厅,其功能是要满足观众观演的需求,因此,在观众厅中不允许设立柱子,否则将阻挡观众的视线,在考虑其结构形式时必须强调这一点。

(2)符合力学原理

结构的安全性是建立在力学基础上的,在考虑一个结构方案合理与否时,首先要看其是否符合力学原理,结构上有没有可能性,受力是否合理,在使用阶段是否安全可靠。

(3)注意美观

一个好的结构体系,不仅是一幢建筑的骨骼,更是美的象征。

(4)便于施工

如何把一个作品从图纸变为现实,如上海东方明珠电视塔(图 5-12),塔身建造完成后,其顶上的天线如何安装,这比设计一个天线要难得多。又如上海万人体育馆(图 5-13),其屋顶为圆形三向网架,如何进行安装,其施工方法在设计方案阶段已经做了考虑。如方案确定后,施工无法实现,其方案也是不切实际的。

(5)考虑经济

一幢建筑的总造价,其结构部分占的比重相当高,一般结构部分的造价占整幢建筑总造价的 60% 左右,高者可达 80% 以上。因此,经

图 5-12　上海东方明珠电视塔

图 5 – 13　上海万人体育馆

济问题也是结构选型的基本原则。

5.1.4.3　建筑结构的类型

公共建筑常用的三种结构形式是墙承重结构、框架结构、空间结构。

（1）墙承重结构

墙体既是承重构件，又具有围护和隔离的作用，通常选用砖或石材作为砌墙材料，见图 5 – 14。

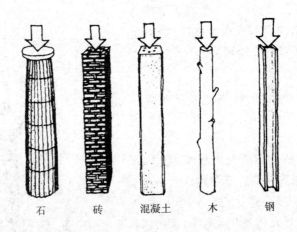

石　　砖　　混凝土　　木　　钢

图 5 – 14　承重墙

随着新型建筑材料（混凝土）的出现，该结构逐渐演变为砖混结构。承重方案分为横墙承重、纵墙承重及纵横墙承重三种形式，见图 5 – 15a、图 5 – 15b、图 5 – 15c。这些承重方案各有自己的优缺点，如表 5 – 1 所示。

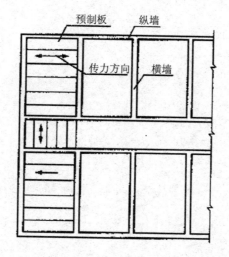

图 5－15a　横墙承重结构

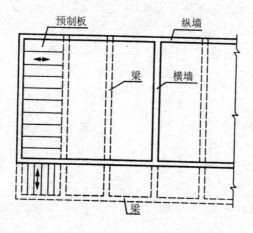

图 5－15b　纵墙承重结构

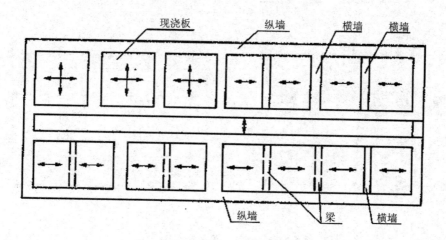

图 5－15c　纵横墙承重结构

表 5 - 1　墙承重结构特点

结构类型	结构特点及适用范围
横墙承重	横墙支承楼板,纵墙围护、分隔和维持横墙;整体刚度强、立面开窗大,但房间布置灵活性差;适用于小空间建筑。
纵墙承重	内外纵墙之间设置梁,荷载由板传递给梁,再传递给纵墙,纵墙受力集中,需要加厚纵墙或设置壁柱;横墙承担小部分荷载;横墙间距可加大,平面布置灵活,但整体刚度差,适用于大空间或隔墙位置可变化的建筑。
纵横墙承重	根据房间开间和进深要求,纵横墙同时承重;横墙间距比纵墙承重方案小,横墙刚度比纵墙承重方案有所提高。

(2)框架结构

框架结构在现代建筑中应用极为普遍,由混凝土梁、柱、楼板与基础四种承重构件组成。主梁、柱与基础构成平面框架,它是主要的承重结构,各平面框架再由连系梁连接起来,形成一个空间结构体系,墙体只起围合作用。框架结构通常有三种布置方案:横向框架承重方案、纵向框架承重方案及纵横向框架承重方案,见图 5 - 16。

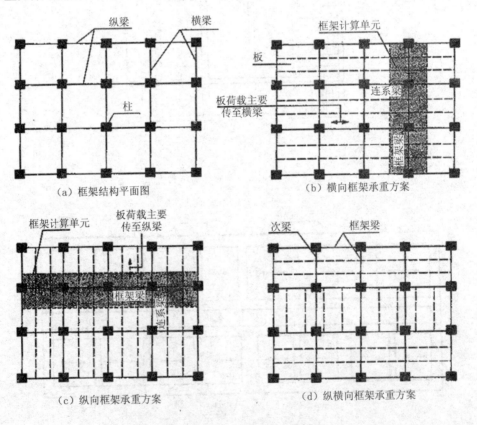

(a)框架结构平面图　　　　(b)横向框架承重方案

(c)纵向框架承重方案　　　　(d)纵横向框架承重方案

图 5 - 16　框架结构平面布置方式

（3）墙承重结构与框架结构的不同点

①结构

前者围护与承重合并；后者承重系统与非承重系统有明确的分工，框架承重系统包括柱、梁等骨架体系，墙体只起到围护、分隔空间的作用。

②空间

墙承重结构比框架结构稳重、结实。前者室内空间受结构限制（空心板中型的经济跨度为 4.5 m，大型的经济跨度为 4~7.2 m，梁一般经济跨度为 5~9 m，最大的为 12 m），承重墙布置应尽量均匀、交圈、上下对齐，门窗洞口大小也应有一定的限制，还应该避免小房间压在大房间之上，出现承重落空的弊病。

③形式

前者门窗开洞受结构限制，一定程度影响建筑外部形式；后者墙体不承重，门窗开启不受限，易于创造多样的外部形态。

④材料

前者便于就地取材、节约三材；后者对材料要求较高（如混凝土标号、钢筋型号等）。

⑤经济

框架结构的造价高于墙承重结构。前者造价 600~800 元/平方米；后者造价 800~1 000 元/平方米。

⑥耐久性

框架结构的使用寿命比墙承重结构的使用寿命长。

⑦适用范围

前者多用于房间不大、层数不多的低层及多层（不超过 7 层）的小开间建筑，建筑层数、开间、进深等受限制，适用于 6、7 度地震区，如学校、办公楼、医院、旅馆及住宅等；后者提高了建筑层数，多用于对空间复杂且需灵活布置，用于低层及一定高度的高层建筑，便于设备、工艺的布置，如住宅、商场、办公楼等。

（4）大跨度结构形式

大跨度结构是目前发展最快的结构类型，大跨度建筑及作为其核心的空间结构技术的发展状况是代表一个国家建筑科技水平的重要标志之一。大跨度结构形式主要包括网架结构、网壳结构、悬索结构、膜结构、薄壳结构五大空间结构及各类组合空间结构。网架结构设计规范规定：不大于 30 m 为小跨度、30~60 m 为中跨度、大于 60 m 为大跨度，我国目前最大跨度做到 340 m，以钢索和膜材做成的索膜结构最大已做到 320 m。大跨度结构主要是在自重荷载下工作，主要矛盾是减轻结构自重，故最适宜采用钢结构。在大跨度屋盖中应尽可能使用轻质屋面结构及轻质屋面材料，如彩色涂层压型钢板、压型铝合金板等。大跨度结构充分发挥了材料性能，提供中间无柱的巨大空间，满足特殊使用要求，其主要类型分述如下：

平面大跨度结构包括拱式、桁架、刚架三种结构形式。

①拱式结构

拱式结构是采用几何曲线用砖石砌筑或用混凝土及其他新型建筑材料构筑的，是一种十分古老而现代仍在大量应用的一种结构形式。它主要是竖轴向力为主的结构，这对于混凝土、砖、石等抗压强度较高的材料是十分适宜的,可充分利用这些材料抗压强度高的特点,因而很早以前,拱就得到了十分广泛的应用。拱一般受到轴线压力,在竖向荷载作用下会产生水平推力,是单向受荷传力的平面结构体系,经济跨度为 80 ~ 100 m。拱式结构最初大量应用于桥梁结构中,在混凝土材料出现后,逐渐被广泛应用于大跨度房屋建筑中,多用于墙洞口、柱顶、屋顶,还有桥梁,见图 5 – 17。

图 5 – 17 某建筑的屋顶

②桁架结构

桁架结构的特点是受力合理,计算简单,施工方便,适应性强,对支座没有横向力。因此,在结构工程中,桁架常用来作为屋盖承重结构,常称为屋架。屋架的主要缺点是结构高度大,侧向刚度小。由于结构高度大,不但增加了屋面及围护墙的用料,而且增加了采暖、通风、采光等设备的负荷,对音质的控制也有一定的困难。桁架侧向刚度小,对于钢桁架特别明显,因为受压的上弦平面外稳定性差,也难以抵抗房屋纵向的侧向力,这就需要设置支撑。一般房屋纵向的侧向力并不大,但钢屋架的支撑很多,都按构造(长细比)要求确定截面,故耗钢量不少,但未能材尽其用。桁架充分利用三角形刚性特点,以直线杆件按照几何关系拼合成三角形或四边形单元的平面或空间结构,见图 5 – 18。杆件一般为钢、木或钢木组合,所受的力均为轴向拉(压)力,以充分发挥材料的力学性能,可以实现较大的跨度,适用跨度为 40 ~60 m,广泛应用于桥梁、屋架、线塔等。我国传统建筑的木屋架就是一种三角桁架。

③刚架结构

刚架结构是指梁、柱之间为刚性连接的结构。当梁与柱之间为铰接的单层结构,一般称为排架;多层多跨的刚架结构则常称为框架。单层刚架为梁、柱合一的结构,其内力小于排架结构,梁柱截面高度小,造型轻巧,内部净空间较大,故被广泛应用于中小型厂房、体育馆、礼堂、食堂等中、小跨度建筑中,但与拱相比,刚架仍然属于以受弯为主的结构,材料强度没有充分发挥作用,这样就造成刚架结构自重较大,用料较多,适用建筑的跨度受限。

新型大跨度空间结构包括网架、薄壳、悬索、充气、膜结构。

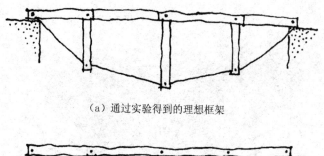

（a）通过实验得到的理想框架

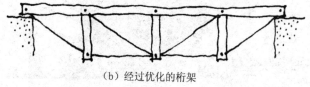

（b）经过优化的桁架

图 5 - 18 木桁架

①网架

网架结构（图 5 - 19）在近年来得到了很大的发展,在国内外都得到了广泛的应用,网架结构平面布置灵活,空间造型美观,能适应不同跨度、不同平面形状、不同支撑条件、不同功能需要的建筑物,特别是在大、中跨度的屋盖结构中,网架结构更显示出其优越性,被大量应用于大型体育建筑（如体育馆、练习馆、体育场看台雨篷等）,公共建筑（如展览馆、影剧院、车站、码头、候机楼等）,工业建筑（如仓库、厂房、飞机库等）中,同时在一些小型建筑的屋盖中应用也比较广泛,如门厅、加油站、收费站等。

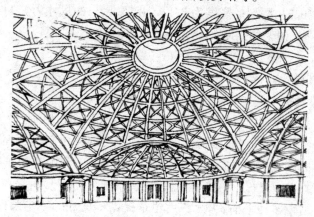

图 5 - 19 网架结构

网架是由许多杆件根据建筑形体要求,按照一定的规律,通过节点连接组成的一种网状的三维杆系结构。其包括空间平板网架（单层和双层）、网状折板网架、网拱（单层曲面网架）和穹窿网架（网壳）等。其结构特点是整体刚度大、应力分布较均匀,为空间多向受力状态;结构自重轻,节省材料;形式多样,使用灵活,多用 60 ~ 80 m 的跨度。根据需要,也可以设计成平板网架、曲面网架及其他丰富的形状,如图 5 - 20、图 5 - 21 所示。

当跨度 <30 m 时,网架的高度为 1/10 ~ 1/13,网格的尺寸为 1/8 ~ 1/12;

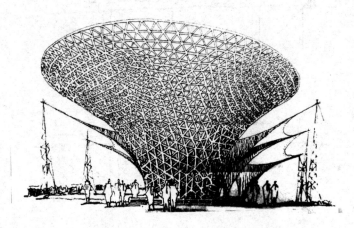

图 5-20　上海世博会"阳光谷"网架结构

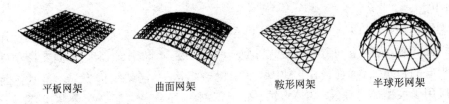

平板网架　　　　　曲面网架　　　　　鞍形网架　　　　半球形网架

图 5-21　常见的网架屋面结构

当跨度 30～60 m 时,网架的高度为 1/12～1/15,网格的尺寸为 1/11～1/14;

当跨度 >60 m 时,网架的高度为 1/14～1/18,网格的尺寸为 1/13～1/18。

②薄壳

薄壳是由曲面形的薄板组成的空间结构。曲面高度与曲率半径不超过 1/20 时,称为空间薄壁结构,即薄壳。这些薄板多由钢筋混凝土做成,也可用钢、木、石、砖或玻璃钢组合而成。根据仿生学原理,自然界生物具有合理的外形,较薄的外壳也会获得较大的强度,可覆盖大空间而不设柱。其结构特点是结构刚度取决于它的合理形状,厚度较薄,可具备骨架和屋盖的双重作用,适宜于大跨度的公共建筑,应用范围较广,如展览馆、会堂和仓库等。如路思义教堂(图 5-22)和悉尼歌剧院(图 5-23)就是典型代表作。其形式丰富,种类多样,适于多种平面,为大跨度建筑提供了良好的结构条件。但是,其结构制作较为复杂,需要应用大量模板,应用受限。薄壳是双向受荷传力的空间结构体系,主要包括筒壳、折板、波形壳和双曲壳等,球壳多用于天文馆、会堂、音乐厅和展览馆等建筑,是一种应用较多的结构形式。当球壳直径为 60 m 以下时,壳体厚度为 5～10 cm;当球壳直径大于 60 m 时,需要加肋以免压屈失稳。

③悬索

悬索是由柔性的拉索、边缘构件和下部支撑构件组成的屋顶结构(图 5-24)。拉索由钢丝束、钢绞线、钢管等材料制成,悬索承受与其垂度方向一致的拉力,是单向受力,适宜于没有烦琐支撑体系的屋盖结构形式。跨度大,空间灵活,造型轻盈,多用于跨度 60～

图 5 - 22　路思义教堂

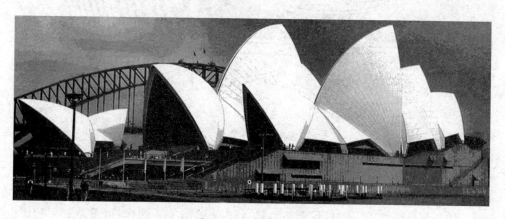

图 5 - 23　悉尼歌剧院

吊床式悬索结构　　　　　　　　椾杆式悬索结构

图 5 - 24　悬索结构

150 m,如体育馆、影剧院等。其结构受力特点是钢索承受拉力,构件承受巨大的压力。悬索主要包括单曲悬索、双曲悬索、混合悬索等。耶鲁大学冰球馆(埃罗·沙里宁设计,图 5 - 25)、华盛顿杜勒斯国际机场(图 5 - 26)是悬索结构的典型代表作。

图 5-25　耶鲁大学冰球馆

图 5-26　华盛顿杜勒斯国际机场

④膜结构

　　膜结构也称张拉膜结构或索膜结构,是采用高强薄膜通过钢杆件、钢索预加张拉应力而形成的新型空间结构。它外形轻巧柔美,同时还具有安装快捷、可重复利用等优点。用特氟龙膜的防水织物制成的膜,透光率高,室内光环境明亮和谐。夜晚,室内灯光又可以透过膜照亮天空。膜结构被广泛应用于体育馆、博览会场、购物中心及休闲场所等,如图 5-27 所示。

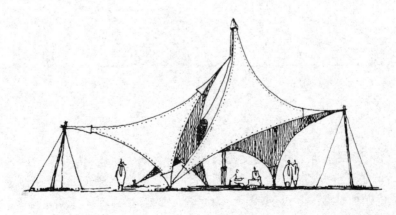

图 5-27　某休闲场所的膜结构

⑤充气结构

充气结构又名"充气膜结构",是指向以高分子材料制成的薄膜制品中充入空气后而形成房屋的结构,它可分为气承式膜结构和气胀式膜结构。这种结构对膜材自身的气密性要求很高,或需不断地向膜构件内充气。最典型的充气膜结构建筑是水立方,如图5-28、图5-29所示。

图 5-28　水立方充气膜结构(外观)

图 5-29　水立方充气膜结构(内景)

水立方的内外立面充气膜结构共由 3 065 个气枕组成,最大的达到 70 平方米,覆盖面积达到 10 万平方米,展开面积达到 26 万平方米,是世界上规模最大的充气膜结构工程,也是唯一一个完全由膜结构来进行全封闭的大型公共建筑。

(5)高层建筑结构形式

工业革命后,由于大工业生产的需要,劳动力大量集中到城市,再加上地球人口的快速增长,出现了城市化快速增长的趋势,因而引起了土地资源匮乏、地价上涨。19 世纪与 20 世纪之交,美国芝加哥开始出现了高层建筑,人们实现了向空中争地的梦想。当然,技术的发展为高层建筑的实现提供了可能和保证,轻质高强的材料、牢固的结构形式、高效安全的垂直运输设施、可靠的消防报警设备及灭火技术,使高层建筑在全球获得普遍接受,而且不断地向新的高度进军,如图5-30、表5-2所示。在2010年1月4日竣工启用的迪拜塔(图5-31、图5-32),总高828 m,比台北101大楼足足高出320 m,未来的世界屋脊将会在何处?

图5-30 世界上最高的摩天大厦排名表

表5-2 世界上最高的摩天大厦排名表

序号	建筑名称	地点	时间	建筑高度(m)	层数	结构类型	建筑功能
1	哈利法塔	迪拜	2010年	828	160层	下部C+上部S	多功能
2	加拿大国家电视塔	加拿大	1973年	553.3	147层	C	多功能
3	台北101大楼	台湾	2003年	508	101层	C	办公
4	佩重纳斯大厦	吉隆坡	1996年	452	95层	S+C	多功能
5	西尔斯大厦	芝加哥	1974年	443	110层	S+C	办公
6	金茂大厦	上海	1988年	420.5	88层	S+C	多功能
7	国际金融中心	香港	2003年	420	88层	S+C	办公
8	中信广场	广州	1997年	391	80层	C	办公
9	信兴广场大厦	深圳	1996年	383.95	69层	S	多功能
10	帝国大厦	纽约	1931年	381	102层	S	办公
11	中环广场	香港	1992年	374	78层	S	办公
12	迪拜阿拉伯塔酒店	迪拜	1999年	321	56层	C	酒店

(S-钢结构;C-钢筋混凝土结构;S+C-钢与钢筋混凝土结构)

一般将8层及8层以上的建筑,界定为"高层建筑",这是因为在高度约24 m以上的房屋,传统的砌体结构已经不能适用,而且风荷载和地震作用产生的水平力已经成为结构设计的重要因素,需要建筑具备抵抗水平荷载的刚度。高层建筑高度高、层数多,显然竖向荷载大(100 m左右高的建筑,底部单柱竖向轴力往往达到1万千牛~3万千牛),地震作用产生的水平力、风荷载不仅数值大,而且作用高度高,使建筑底部产生很大的弯矩和倾覆力矩。

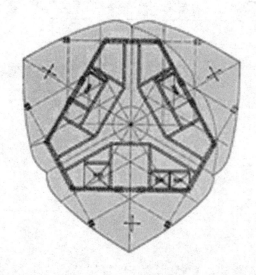

图 5 - 31　迪拜塔平面

图 5 - 32　迪拜塔及芝加哥西尔斯大厦

　　在高层建筑中,垂直交通的组织地位突出。随着高层建筑楼层的增加,上下垂直交通工具不仅仅依靠楼梯,还要增设电梯。高层建筑的交通设计区别于其他建筑之处就在于电梯的设计。电梯的选用及在建筑物中的位置、分布,将决定高层建筑的使用、效率、造价等方面。在 25 层的建筑中,电梯的费用约是建筑总投资的 10% 。

　　在高层建筑结构中,常用的竖向承重结构有框架结构、剪力墙结构、框架—剪力墙结构、筒体结构,参见表 5 - 3。

表 5 - 3　高层建筑的四种结构体系适用的高度

序号	结构形式		建筑高度(m)	6 度	7 度
1	框架	现浇	60	60	55
		装配整体	50	50	35
2	框—剪	现浇	130	130	120
	框—筒	装配整体	100	100	90
3	现浇剪力墙	无框支墙	140	140	120
		部分框支墙	120	120	100
4	筒体		180	180	150

①框架结构

框架结构由纵、横向框架所组成,形成空间框架结构,以承受竖向荷载和水平力的作用。框架结构具有布置灵活、造型活泼等优点,容易满足建筑使用功能的要求,如会议厅、休息厅、餐厅和贸易厅等。同时,经过合理设计,框架结构具有较好的延性和抗震性能,但框架结构构件断面尺寸较小,结构的抗侧刚度较小,水平位移大。在地震作用下容易由于大变形引起非结构构件的损坏,因此其建设高度受到限制,一般在非地震区不宜超过 60 m,在地震区不宜超过 50 m。

②剪力墙结构

剪力墙结构是利用建筑物的外墙和永久性内隔墙的位置布置钢筋混凝土承重墙的结构,剪力墙既能承受竖向荷载,又能承受水平力,承受水平荷载能力和抗侧移的能力强,整体性、水平刚度和抗震性能都较好,适于房间分隔较小的建筑,见图 5 - 33。这种结

图 5 - 33　上海兴联大厦

构适用的建筑高度范围是 9 度区不超过 80 m,8 度区不超过 110 m,7 度区不超过 140 m;墙厚不小于 1/25H(H 为层高)且不小于 140 mm。一般来说,剪力墙的宽度和高度与整个房屋的宽度和高度相同,宽达十几米或更大,高达几十米以上。它的厚度则很薄,一般为 160~300 mm,较厚的可达 500 mm。

③框架—剪力墙结构

框架—剪力墙结构是由框架和剪力墙共同作为承重结构的受力体系。它克服了框架结构抗侧力刚度小的缺点,弥补了剪力墙结构开间过小的缺点,既可使建筑平面灵活布置,又能对常见的 30 层以下的高层建筑提供足够的抗侧刚度,因而在实际工程中被广泛应用。框架—剪力墙结构布置的关键是剪力墙的数量及位置。从建筑布置角度看,减少剪力墙数量可使建筑布置更灵活,但从结构的角度看,剪力墙往往承担了大部分的侧向力,对结构抗侧刚度有明显的影响,因而剪力墙数量不能过少。

④筒体结构

筒体结构是指以剪力墙构成空间薄壁筒体,或者以密柱、密梁形成空间框架筒,可以分为单筒、套筒、群筒等类型,具有柱密梁深的结构特征。其优点是具有更好的抗侧移、刚度、抗震性能。高层结构形式又发展为束筒(图 5 – 34)、外框内筒、筒中筒(图 5 – 35)、巨型结构等形式。

图 5 – 34　芝加哥西尔斯大厦

图 5-35　纽约世贸大厦

5.2　建筑设备技术

公共建筑中的建筑设备主要包括采暖通风、空气调节、电器照明、通信线路、闭路电视、网络系统、自动喷淋以及煤气管网等。由于建筑设备技术的不断发展,不仅给公共建筑提供了日益完善的条件,同时也给公共建筑设计工作带来了不少的复杂性。为此,在建筑空间组合的创作中,应运用高超的设计技巧,综合全面地考虑建筑设备技术问题。

寒冷地区的公共建筑,一般都需要考虑采暖的问题。对于标准较高的宾馆、饭店、写字楼以及人流聚集较多的体育馆、影剧院、展览馆、超级市场等公共建筑,往往需要装设采暖、通风及空调设备,相应地需要安排设备用房,其中包括锅炉房、冷冻机房以及风道、管道、散热器、送风口、回风口等设施,它们皆需要占据一定的建筑空间,设备用房的设置要求考虑如下问题:在整个建筑布局中,恰当地安排设备用房的位置,解决好各建筑、结构和设备的各种矛盾。锅炉房一般应为独立建筑,和其他建筑的距离要符合消防的要求;靠近热负荷相对集中的地方设置;尽量布置在下风侧以减少对环境的污染;灰渣运输要方便;不应设在人多房间的上、下,主要疏散口两旁,且应留有消防通道。在设计中,力求建筑、结构和设备三方面的各种问题获得合理解决,有时要与细部装修处理相结合。如空调房间各种散热器、送风口、回风口等布置,需与细部处理相结合,注意减噪、防火和隔热等。

5.2.1　采暖

采暖系统由散热器、阀门和管道组成。按照热媒种类不同,采暖系统可以分为热水采暖、蒸汽采暖、地板辐射热采暖、热风器采暖及带型辐射板采暖等。其中热水采暖是以热水为热源,由于散热器表面温度不甚高,给人舒适感,热水冷却较慢,室温稳定,无爆冷暴热的现象,所以工业建筑、居住建筑、托幼建筑等用热水采暖的较多。以蒸汽为热源的,由于散热器表面温度较高,热得快、冷得快,用于短时间或间歇采暖的公共建筑,如学校、剧院和会堂等。

我国北方地区在寒冷季节需要采用集中供暖方式,使用产生热水或蒸汽的锅炉供暖。南方地区的冬季,有的采用局部供暖的方式,如热风管道。上述供暖方式通常要消耗相当的能源,如煤、油、气、电等。近年来,随着人们环保、生态意识的增强,利用绿色能源如太阳能、地热等为室内供暖的居多。

5.2.2　空气调节

空气调节简称空调,目前,多数民用建筑均用人工方法改善室内的温度、湿度、洁净度和气流速度。

按通风方式的不同,空调系统可以分为集中空调和局部空调;按通风机制的不同,分为自然通风、机械通风。局部空调较简单,如家用空调就属于局部空调。而集中空调又称中央空调,是将各种空气处理设备和风机集中布置在专用房间内,通过风管同时向多处送风,适于风量大而集中的大空间建筑和大型公共建筑。高速诱导系统及风机盘管系统,一般由风口、空调机、风管、冷水管、制冷机、热媒等组成。该系统造价高、耗能大、污染排放较多。

许多工程师都将创造一个室内不使用或少使用空调的绿色建筑作为自己的奋斗目标,如使用保温隔热的围护结构、低能耗(Low-E)玻璃、节能门窗,还有"呼吸幕墙"等新技术。

5.2.3　通风

通风系统是为解决空气中有湿气、余热、粉尘和有害气体等问题,通过风口、管道、风机等设备,排出室内不良空气,输入室外新鲜空气,如住宅中设置的新风系统。空气是有压力的,风向总是从压力大(正压)向压力小(负压)的方向流动。因此,有效的办法是让室内的不良空气处于负压空间,避免其流向清洁区。此外,在建筑设计中通风系统往往与消防的排烟系统综合考虑,即平时作为通风换气系统,火灾时转换成为排烟系统。

5.2.4　给排水

5.2.4.1　给水系统

室内给水系统由管道、阀门和用水设备等组成,除了生活用水,还有工业建筑的工业用水。室内管道的供给来自市政管网,多数生活用水是经过净化的,具有一定的水压。

对于较高建筑,市政水压不足以供给,所以需要设置水泵、水池和水箱等,见图 5－36,并通过如稳压、减压等技术来保证供水。

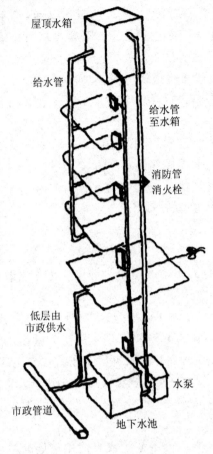

屋顶水箱

给水管

给水管
至水箱

消防管
消火栓

低层由
市政供水

市政管道

地下水池

水泵

图 5－36　给水系统示意图

消防给水系统是建筑物防火、灭火的主要设备,不同的建筑类型、建筑高度、使用对象有不同的建筑物防火等级和分类,对消防给水的要求也不同。其设置要求包括:需要设置消防给水的建筑有厂房、库房、高度超过 24 m 的科研楼;超过 800 个座位的影剧院、俱乐部和超过 1 200 个座位的礼堂、体育馆;体积超过 5 000 m³ 的商场、学校、医院等建筑物;超过 7 层的单元式住宅;超过 5 层或体积超过 1 000 m³ 的其他民用建筑;国家级文物保护单位的重点砖木或木结构的古建筑。

一般室内消防给水是在各层适当位置布置消防水箱,以保证消防水枪能射在建筑任何角落,有特殊要求的建筑和部位还应采取其他消防措施。

给水方式有上行下给式、下行上给式。

多层建筑一般是市政管道直接给水,高层建筑是水箱供水、水泵供水或水箱和水泵联合供水。生活给水、消防给水各自独立,生活给水又分成饮用水、非饮用水两个单独系统。每 10 层设一个给水系统、水箱设在设备层中。

5.2.4.2　排水系统

室内排水需要排除的有生活污水和雨水。其系统的组成与给水系统相同,室内管道收集的污水、雨水排入市政雨污管网。和给水系统不同的是,排水管道的水压是依靠自身重力产生的,所以排水管道要有一定的坡度,否则会产生堵和漏等问题。

屋面雨水的排水方式包括有组织排水(分为内排水和外排水)及无组织排水两种,高层和大进深的公共建筑采用内排水。其中雨水管间距为 12 ~ 24 m,屋面进深大于 10 m 时,做双坡排水,屋面进深不大于 10 m 做单坡排水,排水坡度为 2% ~ 3%。

排水系统一般采取分流制,也可采用合流制,如雨污分流、油污分流等。有时一部分的排水还可以经过处理后循环使用,如经中水处理后,可以用来灌溉、洗车等。

5.2.5　人工照明

在公共建筑的空间组合中,人工照明的设计与安装,应满足以下的要求:保证舒适而又科学的照度,适宜的亮度分布,防止眩光的产生,选择优美的灯具形式和创造一定的灯光环境的艺术效果。由于各类公共建筑的使用性质不同,对照度要求也是不一样的。人工照明是室内最需要的,室内的照明要依赖于电。电包括强电系统(电力、电气等)、弱电系统(电话、网络、保安等)。

5.2.5.1　电力电气系统

室内的电力电气系统包含配线、配电、插座、开关、灯具和一切用电设备。我国民用建筑室内采用 220 V、380 V 两种,以满足不同电流负载的用电设备。一般民用建筑室内线路多为暗敷,即电线穿套管埋设于墙体、楼板内。在一定的使用区间,如住宅的一户内,设置一个配电箱,并加载短路保护、过载保护等。

灯具设计是室内的重点之一,在具体的建筑光环境设计中应考虑的具体内容及要求有:保证一定的照度(会堂 200 Lx、体育馆 200 ~ 250 Lx);适宜的亮度分布;防止眩光的产生;选择优美、高效、节能的灯具形式和创造一定的灯光艺术效果。眩光主要是指人眼在遇到过强的光线时,整个视野会受到影响,眼睛不能完全发挥机能,这种现象称为眩光。发光体角度与眩光的关系(图 5 - 37),主要指当光源与人眼处在 0° ~ 30° 范围时,眩光最

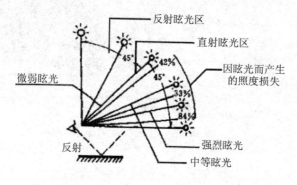

图 5 - 37　发光体角度与眩光的关系

为强烈。一般白炽灯、碘钨灯等处理不好,易产生眩光。防止眩光的措施是:加大灯具保护角;控制光源不外露;提高光源悬挂的高度;选用间接照明或漫射照明。不恰当的阳光采光口、不合理的光亮度和不合宜的强光方向均会在室内形成眩光现象。

室内供电来自市政电网,某些重要建筑往往设置自备电源和应急电源,即通过发电机组进行室内供电,满足临时使用。

建筑的防雷系统也属于电力设计的范畴。建筑防雷是通过设置避雷针、引下线和接地极等方式来实现。

5.2.5.2 弱电系统

建筑弱电系统一般包括通信、网络、有线电视等,有些还设有安全监控、消防报警、背景广播、智能化系统。随着对建筑节能的日趋关注,楼宇智能化的管理技术也受到了越来越多的关注,如照明节能智能化、电梯智能化、空调智能化等。

5.3 建筑的经济分析

在进行建筑设计时应将一定的建筑标准作为考虑建筑经济问题的基础,设计要符合国家规定的标准,防止铺张浪费,也不可片面地追求低标准而降低建筑质量。要注意节约建筑面积和体积,计算和控制建筑的有效面积系数、使用面积系数、结构面积系数及体积系数等指标,注意绿色建筑理念的运用,如图 5-38a、图 5-38b、图 5-39a、图 5-39b、图 5-39c、图 5-39d、图 5-39e 所示,做到保护环境、节约用地、降低造价,以期获得较好的经济效益。

图 5-38a　加州科学院总平面图

图 5-38b　加州科学院

　　加州科学院(建筑师 Renzo Piano，Gordon H. Chong 等设计)由自然科史博物馆、摩里生天文馆(Morri-son Planetarium)和史坦哈特水族馆(Steinhart Aquarium)三馆组成。设计理念是在基地上竖起一处天然景观,里面有各种设施、办公楼与展览空间。高处是摩里生天文馆、热带雨林展览厅及一个中央广场。广场明亮闪耀、空气清新怡人,大部分为草地,就像是一个微型生态圈。加州科学院是旧金山市首个生态型建筑,设计师们采用了基地分化处理、重新灌溉河床与废水回收处理等可持续技术,并尽量减少地面建筑面积与地表路面面积。该项目可谓是技术与自然和谐统一的优秀典范。

图 5-39a　加州科学院

图 5-39b　加州科学院

图5-39c 加州科学院

图5-39d 加州科学院

图5-39e 加州科学院

　　所谓"绿色建筑"是指能最大限度地节约资源、保护环境和减少污染,提供给人们健康、适用和高效的使用面积,并与自然和谐共生的建筑。"绿色建筑"还常常被称为"节能建筑"、"生态建筑"、"可持续建筑",这些叫法包含了"绿色建筑"的主要理念,但是并未完整地概括其内涵。楼顶摆放了许多季节性吸水植物,在雨天可以大量吸收水分,而在干旱的天气又具有较好的抗旱性,如图5-40所示。

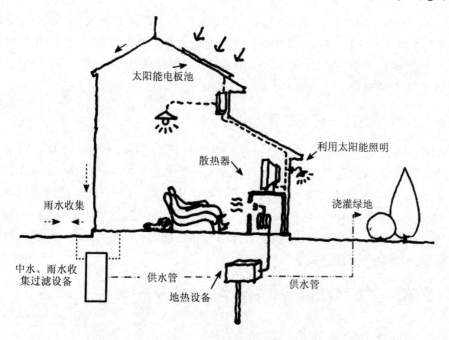

图 5-40　绿色建筑的天然能源利用

5.3.1　建筑经济性的评价

考虑建筑经济问题不是意味着降低工程质量,而是要在保证必要的质量标准的前提下,不浪费一分钱,使投资获得最大的经济效益,防止片面追求节约而影响建筑的功能,降低建筑质量标准和使用年限,增加经常性维修费用等。因此,在建筑设计中除满足功能使用和艺术要求外,必须注意建筑的经济性,要遵循实用、经济、美观的原则。

5.3.1.1　建筑的每平方米造价及主要材料的消耗量

每平方米的造价是衡量建筑经济的一个指标,由于地区之间存在差异,平方米造价在相同的地区才有可比性。通常将每平方米建筑面积的主要材料消耗量作为一项经济指标,主要材料一般指钢材、水泥、木材和砖。

5.3.1.2　长期经济效益

建筑物的质量标准,直接影响建筑物的使用年限和在使用过程中维修费用的高低。一幢建筑的使用年限很长,使用期内各项费用的总和,往往比一次性投资大若干倍,德国对几种使用寿命为 80 年的典型住宅进行费用分析表明,使用期间的维修费为建筑费用的 1.3～1.4 倍。

5.3.1.3　结构形式及其建筑材料

对于建筑设计工作者来说,应掌握各种结构形式的特点及使用范围,不仅在创造建筑空间时能选择适宜的结构体系,而且可使结构形式充分发挥力学性能,达到应有的经济效益。在一般的民用建筑中,基础、楼板、屋盖的造价占建筑造价的30%以上,结构的合理性首先表现在组成这个结构的材料的性能能不能充分发挥作用。因此,在选定结构形式时,应当选择能充分发挥材料性能的结构形式,合理地选用结构材料,利用它的长处,避免和克服它的短处。

5.3.1.4 技术、适用、美观和经济的统一

在建筑发展中,技术和经济始终是并存的两个方面,一项新的建筑,不仅在技术上具有先进性,还必须有良好的经济效益,才具有强大的生命力。"适用、经济、在可能的条件下注意美观"是我国指导建筑创作的方针,适用是主导因素,一个不适用的建筑物本身就是浪费,建筑不仅要满足功能使用要求,而且还应取得某种建筑艺术效果。在一切设计工作中,要力求在节约的基础上达到适用的目的,在可能的物质基础上努力创新,设计出既经济适用,又美观大方的建筑物。

5.3.2 影响建筑经济性的主要因素及提高经济性措施

5.3.2.1 建筑平面形状及建筑物的大小

建筑的形状对建筑造价有显著的影响。一般地说,建筑平面形状越简单,它的单位造价就越低,当一幢建筑的平面又长又窄,或者它的外形做得复杂而不规则时,其周长与建筑面积的比率必将增加,伴随而来的是较高的单位造价。一种不规则的建筑外形也将基于其他原因而引起费用的增加。放线、场地室外工程以及排水工程,几乎都是比较复杂而费钱的。

建筑尺寸的加大,一般能引起单位造价即每平方米建筑面积造价的降低。其主要原因是,对于一个较大的工程项目,杂费只在总造价中占较小部分,换句话说,杂费不随建筑平面尺寸的增加而按比例增加。某些固定费用,例如,运输、现场暂设工程的修建及其拆除,材料及构件储存场地、临时给水的安设和临时道路的修筑等准备工作,在较大的建筑工程中,不一定因建筑面积的扩大而有明显变化,而固定费用占建筑总造价的比率却会相应地降低。一项较大的工程项目,其建造费用往往是比较低的,因为墙与建筑面积的比率缩小,房间的使用面积势必加大,而内部隔墙、装饰、墙裙等的工程量也会成比例地减少,装设在墙上的门、窗的额外费用也要相应地下降。高层建筑的电梯如能为更多的建筑面积和更多的住户服务,则有利于降低造价。

设计时力求平面形状简洁,减少凹凸,适当增大建筑进深与缩小面宽;减少幢数,增加建筑长度等,利于节地。

5.3.2.2 流通空间

建筑的经济平面布置的主要目标之一,是将其流通空间减到最小,门厅、过道、走廊、楼梯以及电梯井的流通空间,都被认为是死空间,不能为了获利而加以使用,但是却需要采暖、采光、清扫和装饰及其他方面等的费用。几乎每一种类型的建筑,都需要一些流通空间,以便在它的组成部分之间,提供出入通道,同时,在一些重要的建筑中,往往设有宽

敞的门厅和走廊,这样可以增加建筑的庄严性和给人们留下深刻的印象。

5.3.2.3 建筑层数与层高的影响

在不变更各层建筑面积的情况下,改变层高会引起建筑造价的变化。受到层高变化影响的主要是墙和隔断,以及与其有关的粉刷和装饰。由于增加层高而可能受到影响的一些次要项目有:如采暖的体积增加需要较大的热源和较长的管道或者电缆、较长的给水和排水管道、较高的屋面造价、楼梯或电梯的造价、粉刷和装饰天花板的造价。如果层高和层数增加得很多,则可能导致需要造价更为昂贵的基础来支承所增加的荷载。对于建筑物层高增加而引起造价提高的一种粗略估算方法,是根据建筑物的垂直部件,如墙、隔断和立柱的数量来估算的,这些部件大约占总造价的80%。分析表明,住宅层高每降低100 mm,可节约造价1.2%~1.5%,层高由2.8 m降低到2.7 m,可节约用地7.7%左右。

建筑层数与造价的关系很密切,对于砖混结构的住宅,如6层时的直接造价为100%,5层则为101%,4层为102%,3层为106%,2层为110%,原因是5、6层建筑的基础及屋面工程量相对较小。12层中等标准的住宅建筑单方造价约比5、6层高出1倍,钢材、水泥用量约增加1.5倍,因而从建筑综合经济效益来讲,多层建筑较经济,其次是低层建筑,而高层建筑的造价则高出很多。

5.3.3 建筑技术经济指标

对于建筑设计的经济评价,需要利用各项技术经济指标来综合给定,这些技术经济指标主要分为用地规划技术经济指标和单体建筑技术经济指标两大类。前者主要采用容积率,建筑密度,绿地率以及道路、硬质场地、停车尾灯的占地面积,从而综合评价建筑总体平面布局的经济性和环境质量;后者主要以建筑面积控制指标和每平方米建筑面积造价为主要控制和评价的根据。评价建筑设计是否经济,还应从节约建筑面积和体积方面考虑,通常利用建筑系数来衡量。

5.3.3.1 用地规划技术经济指标

容积率,即项目规划建设用地范围内的全部建筑面积与规划建设用地面积之比。

$$容积率 = 总建筑面积(m^2)/总用地面积(m^2) \times 100\%$$

容积率在一定程度上反映了单位建筑面积分摊的土地成本,在土地价格一定的情况下,容积率越高,单位建筑面积所分摊的土地成本越低,反之则越高。过高的容积率可能会造成建筑总体环境的恶化和建筑土建安装造价的提升,应综合各方面的因素,确定一个合适的容积率。

建筑密度是指项目用地范围内所有建筑物、构筑物的基底面积之和与规划建设用地总面积之比。

$$建筑密度 = 总基底面积(m^2)/总用地面积(m^2) \times 100\%$$

建筑密度表达了基地内建筑直接占用土地面积的比例,在一定程度上反映了建筑总体环境的质量。对于生活性的建筑用地,建筑密度不宜过高,住宅小区一般控制在30%

以内,对于商业用地一般控制在50%以内。

绿地率是指规划建设用地范围内的绿地面积与规划建设用地总面积之比。

$$绿地率 = 总绿地面积(m^2)/总用地面积(m^2) \times 100\%$$

总绿地面积包括:公共绿地、专用绿地、宅旁绿地、防护绿地和道路绿地等,但不包括屋顶、晒台的人工绿地。

除了以上三种规划指标以外,还常用到其他一些控制指标和要求。如停车位总数、出入口方位、建筑主朝向、建筑层数、建筑高度等,对于住宅小区,还要求计算总户数、户型面积比例等等,应在遵守相应规范标准的同时,满足当地规划部门的要求。

5.3.3.2 单体建筑技术经济指标

(1)建筑面积

建筑面积是指建筑物勒脚以上的各层外墙外围的水平面积之和。建筑面积是国家控制建筑规模的重要指标,是作为建筑物经济效果的计算单位。因此,国家基本建设主管部门对建筑面积的计算做了详细的规定,以下内容引自《建筑面积计算规则》中相关规定:

计算建筑面积的范围:

①单层建筑物不论其高度如何均按一层计算,其建筑面积按建筑物外墙勒脚以上的外墙外围水平面积计算。单层建筑物内如带有部分楼层者,亦应计算建筑面积。

②高低联跨的单层建筑物,如需分别计算建筑面积,当高跨为边跨时,其建筑面积按勒脚以上两端山墙外表面间的水平长度乘以勒脚以上外墙表面到高跨中柱外边线的水平宽度计算;当高跨为中跨时,其建筑面积按勒脚以上两端山墙外表面间的水平长度乘以中柱外边线的水平宽度计算。

③多层建筑物的建筑面积按各层建筑面积总和计算,其底层按建筑物外墙勒脚以上外围水平面积计算,二层及二层以上按外墙外围水平面积计算。

④地下室、半地下室、地下车间、仓库、商店、地下指挥部及相应出入口的建筑面积按其上口外墙(不包括采光井、防潮层及其保护墙)外围的水平面积计算。

⑤用深基础做地下架空层加以利用,层高超过2.2 m的,按架空层外围的水平面积的一半计算建筑面积。

⑥坡地建筑物利用吊脚做架空层加以利用且层高超过2.2 m的,按围护外围水平面积计算建筑面积。

⑦穿过建筑物的通道、建筑物内的门厅、大厅不论其高度如何,均按一层计算建筑面积。门厅、大厅内回廊部分按其水平投影面积计算建筑面积。

⑧图书馆的书库按书架层计算建筑面积。

⑨电梯井、提物井、垃圾道、管道井等均按建筑物自然层计算建筑面积。

⑩舞台灯光控制室按围护结构的外围水平面积乘以实际层数计算建筑面积。

⑪建筑物内的技术层,层高超过2.2 m的,应按技术层外围水平面积计算建筑面积。

⑫有柱雨篷按柱外围水平面积计算建筑面积;独立柱的雨篷按其顶盖的水平投影面积的一半计算建筑面积。

⑬有柱的车棚、货棚、站台等按其顶盖的水平投影面积的一半计算建筑面积。

⑭突出屋面的有围护结构的楼梯间、水箱间、电梯机房等按围护结构外围水平面积计算建筑面积。

⑮突出墙外的门斗按围护结构外围水平面积计算建筑面积。

⑯封闭式阳台、挑廊,按其水平投影面积计算建筑面积。凹阳台、挑阳台按其水平投影面积的一半计算建筑面积。

⑰建筑物墙外有顶盖和柱的走廊、檐廊按柱的外边线水平面积计算建筑面积,无柱的走廊、檐廊按其投影面积的一半计算建筑面积。

⑱两个建筑物间有顶盖的架空通廊,按通廊的投影面积计算建筑面积。无顶盖的架空通廊按其投影面积的一半计算建筑面积。

⑲. 室外楼梯作为主要通道和用于疏散的均按每层水平投影面积计算建筑面积;其他楼内楼梯、室外楼梯按其水平投影面积的一半计算建筑面积。

⑳跨越其他建筑物、构筑物的高架单层建筑物,按其水平投影面积计算建筑面积,多层者按多层计算。

不计算建筑面积的范围:

①突出墙面的构件配件和艺术装饰,如柱、垛、勒脚、台阶、无柱雨篷等。

②检修、消防等用的室外爬梯。

③层高在 2.2 m 以内的技术层。

④构筑物,如独立烟囱,烟道,油罐,水塔,贮油(水)池,贮仓,圆库,地下人防干、支线等。

⑤建筑物以内的操作平台、上料平台及利用建筑物的空间安置箱罐的平台。

⑥有围护结构的屋顶水箱,舞台及后台悬挂幕布、布景的天桥、挑台。

⑦单层建筑物内分隔的操作间、控制室、仪表间等单层房间。

(2)平方米造价

平方米造价即单位建筑面积的造价。单位面积造价在质量标准一致的情况下往往受材料供应、运输条件、施工水平等多方面因素的影响而出入较大。国家在下达建设计划时,除了下达面积指标外,同时会根据不同建筑性质及质量标准下达平方米造价指标,设计工作者必须严格控制规模和投资计划。

平方米造价的内容包括:

①房屋土建工程每平方米造价。

②室内给排水卫生设备每平方米造价。

③室内照明用电工程每平方米造价。

在确定建筑物平方米造价时,必须注意哪些费用应该包括在建筑物的每平方米造价内,哪些项目应单独计算。对以下几种费用,不能列入平方米造价之内。

①室外给排水,应另列项目计算费用。

②室外输电线路,应另列项目计算费用。

③采暖通风,应另列项目计算。

④环境工程,应另列项目计算费用。

⑤平基土石方,应另列项目计算费用。

⑥设备费用,如剧院的座椅、教室的桌凳、旅馆的床铺等均需另列项目计算。

5.3.3.3　建筑系数

(1)面积系数

建筑物的经济性还与使用面积的大小有很大关系,考察它的主要技术经济指标是平面系数,以 K 表示,使用面积指扣除了结构面积、交通面积后的建筑面积。其计算公式:

$$K = 使用面积(m^2)/建筑面积(m^2) \times 100\%$$

一般住宅建筑的 K 在 65% ~85% 之间,而公共建筑需要较多的交通辅助面积,故 K 较小,约为 60%。

面积系数主要指有效面积系数、使用面积系数及结构面积系数。主要面积系数:

$$有效面积系数 = 有效面积/建筑面积$$
$$使用面积系数 = 使用面积/建筑面积$$
$$结构面积系数 = 结构面积/建筑面积$$

结构面积,指建筑平面中结构所占用的面积。

使用面积,指有效面积减去交通面积。

有效面积,指建筑平面中可供使用的面积。

建筑面积,指结构面积加上有效面积。

目前,很多在售的住宅楼盘都会接触到一个问题,关于高层、小高层及多层的系数。这个系数通常是用每套住宅的建筑面积与使用面积之比来获得的,它能够反映出业主所购买的住宅的真正"得房率"。如高层通常情况下系数是 1.7 左右,小高层是 1.5 左右,多层也是 1.5 左右,有的楼盘能达到 1.45,像哈尔滨群力开发区的海富第五大道的一套多层住宅,系数就为 1.45。另外,随着人们建筑节能意识的增强,产生了另一个评价经济指标的系数——建筑体型系数,用 S 表示,《民用建筑节能设计标准》中给出的建筑体型系数的定义是建筑物与室外大气接触的外表面积与所包围的体积的比值。S 值越小,则该建筑越符合节能要求,我国寒冷地区的 S 值不大于0.4。

(2)体积系数

在一些民用建筑设计中,如果只控制面积,仍然不能很好地分析建筑经济问题。因此,在充分利用空间组合时恰当控制体积也是降低造价的有效措施。例如,在学校、办公楼、医院、旅馆以及候车大厅、展览馆的陈列厅等若对层高选择偏高,则因增大了建筑体积而造成投资的显著增长。这就表明选择适宜的建筑层高,控制必要的建筑体积,同样是经济、有效的措施。通常采用的建筑体积系数如下:

$$有效面积的体积系数 = 建筑体积/有效面积$$
$$单位体积的有效面积系数 = 有效面积/建筑体积$$

从上述两个控制系数来看,单位有效面积的体积系数越小越经济,而单位体积的有效面积系数越大则越经济。

此外,在研究建筑经济问题时,除了分析建筑本身的经济条件之外,建筑用地的经济性也是不可忽视的。因为增加建筑用地,就相应地增加了道路、给排水、供热、煤气、电缆等项建筑投资。一般建筑的室外工程费用约占全部建筑造价的 20% 左右。

　　在建筑设计过程中,对经济因素进行分析要持全面的观点,防止片面追求各项系数的表面效果,如过窄的走道、过低的层高、过大的进深、过小的辅助面积等,这不仅不能带来真正的经济效果,且会严重损害合理的功能使用要求与美观的要求,这将是最大的不经济。

　　总之,在建筑设计中,建筑经济问题是一项复杂的工作,并且是一个不可忽视的重要方面。上述所涉及的有关问题,也只能概要地加以阐述,力求在设计过程中引导建筑师建立必要的经济观点。如果说满足物质与精神功能要求是民用建筑设计的目的,建筑技术是构成建筑空间的手段的话,那么建筑经济则是建筑设计赖以实现的基本条件。

本章小结

　　本章包括建筑结构技术、建筑设备技术、建筑的经济分析三部分内容。结合实例分别对各种建筑结构形式进行了详细的介绍,其中将大跨度结构形式归纳为网架结构、薄壳、悬索结构等;高层结构形式有框架、剪力墙结构、框架—剪力墙结构、筒体结构。公共建筑中的建筑设备主要包括采暖、通风、空气调节及人工照明,在进行建筑设计时应将一定的建筑标准作为考虑建筑经济问题的基础,设计要符合国家规定的标准,防止铺张浪费,也不可片面地追求低标准而降低建筑质量,将绿色建筑理念运用到建筑设计中可以起到保护环境、节约用地、降低造价的作用,将影响建筑经济性的主要因素总结为建筑平面形状及建筑物大小、流通空间的大小、建筑层数与层高等。

思考题

　　1. 如何看待建筑结构技术?

　　2. 建筑结构的基本形式包括哪些? 在选择建筑结构形式时要考虑哪些因素? 如何正确选择建筑结构形式?

　　3. 试比较混合结构与框架结构的不同点。

　　4. 结合设计实践谈谈建筑光环境设计应该考虑哪些具体要求?

第6章 建筑造型与立面的艺术处理

建筑,从广义的角度来理解,可以把它看成一种人造的空间环境。这种空间环境,一方面要满足人们一定的使用功能的要求;另一方面还要满足人们精神感受上的要求。为此,不仅要赋予建筑实用的属性,也要赋予它美的属性。人们要创造美的空间环境就必须遵循美的法则来构思、设想,直至把它变为现实。

本章主要介绍建筑单体造型设计的不同阶段所需要遵从的基本原则和规律,把这些原则、规律提取出来,形成一个较为清晰的造型设计思路。建筑单体造型的设计在学习设计的初级阶段是一个难点,如果将其进行拆分可以分为立意、立面、细部设计等几个阶段,如图6-1所示。其中需要重点把握的是立意、体块分析、体块组合及细部设计等环节。但是,无论在哪个阶段,美的法则都会寓于其中并发挥作用。如建筑单体的造型、立面设计、室内外空间组合设计、建筑群体的组合设计等。

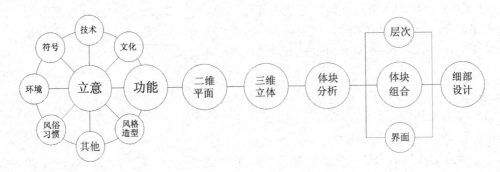

图6-1 建筑单体造型设计的阶段拆分

6.1 建筑构图基本原理——形式美的规律

多样统一是建筑艺术形式的普遍法则(或建筑构图原理的基本法则),同时也是公共建筑创作中的重要原则。多样统一也称有机统一,变化中求统一,统一中求变化,既有变化,又有秩序,达到多样统一的具体手段和技巧是多方面的,即遵循同一律、节韵律、数比律、均衡律和对比律等建筑造型的规律。如果缺乏多样性和变化,则必然流于单调;如果缺乏和谐与秩序,则势必显得杂乱无章。由此可见,一件艺术品要想达到有机统一以唤起人的美感,既不能没有变化,又不能没有秩序。如图6-2就是多样统一的典型代表。

图 6-2　赖特草原式住宅

6.1.1　多样统一的原则与方法

6.1.1.1　原则

多样统一原则也可以理解为建筑造型设计立意的规律,不同建筑造型设计的出发点有很大差异,有的是情感的塑造,有的是对空间形态、功能需求、技术材料、环境条件甚至是某个符号的实现等,但是最终的结果是使建筑造型与建筑建造的目的达到很好的统一。多样统一的原则可以概括如下:

(1)空间与形式的统一

Gery 的现代主义巴洛克、悉尼歌剧院等只是以造型为设计出发点,不表现空间特性的建筑形式,欧式风格建筑大多是脱离内容的假形式。

(2)技术与形式的统一

合理的技术反映了一种正确的、合乎逻辑的力学关系,是稳定的系统;技术为建筑形式的美提供了可能性。在现代建筑设计中,技术造型构成了特殊的点、线、面、体的内容,如蓬皮杜艺术中心的设备管网,卒姆托温泉浴场中工艺化、精准化的饰面,让·努维尔在阿拉伯世界研究中心中光造型要素,伊灯丰雄设计的仙台媒体中心的 13 根结构支撑体和管井(图 6-3),福斯特在柏林新议会大厦中设计的玻璃穹顶的通风、采光及自动监控遮阳等(图 6-4、图 6-5)。在这些著名的案例中,技术造型赋予了点、线、面、体全新的解释,它们具备了极强的造型能力、艺术表现力,是造型设计最重要手段之一。

图 6-3 仙台媒体中心

图 6-4 柏林新议会大厦的玻璃穹顶

图6-5　柏林新议会大厦的自动监控遮阳

（3）材料与形式的统一

材料与形式的统一在西塔里埃森（威斯康星州）、古根海姆博物馆、流水别墅等作品中都有所体现，如流水别墅中当地石材的运用，使建筑与环境的色彩达到了很好的统一，成功地完成了建筑隐身的任务。

（4）时代（美的观念）与形式的统一

建筑审美不仅与建筑形态美的创造有关，也与建筑形态美的欣赏有关。建筑美学研究的不单纯是审美客体，也不是单纯的审美主体，而是由建筑审美客体及审美主体所构成的二元审美关系。另外，由于审美客体受到不同的哲学思想、文化传统等的影响，导致了审美标准及创作观念存在差异。也就是说审美呈现出多元化的趋势，最终导致建筑形态及建筑思潮向多元化发展。

6.1.1.2　方法

（1）以简单几何形状求统一

古代的一些美学家认为简单、明确、肯定的几何形状，各要素之间具有严格的制约关系，可以引起人的美感。他们推崇圆形、正三角形、正方形、立方体和球形等几何形状，认为这些简单的几何形状是容易辨认的清晰图形，是完整的象征，具有抽象的一致性。采用这些简单几何形状的建筑就其外观而言，能够很自然地取得统一，如图6-6所示。

（2）以主从关系求统一

建筑的各部分之间应根据其所起的作用来安排所处的地位，分清主次方能统一协调。反之，若使所有要素竞相突出，都放之于同等地位，会削弱整体统一性。

自然界中植物的干与枝、花与叶，动物的躯干与四肢都呈现一种主与从的差异，正是凭借这种差异的对立，才形成一种统一协调的有机整体。各种艺术创作也如此，像主题

图 6-6　北欧某林地传统木屋

与副题、主角与配角等。在建筑设计实践中，从平面组合到立面处理，从内部空间到外部体形，从细部装饰到群体组合，为达到统一都应当处理好主与从、重点与一般的关系。

建筑中主从关系主要表现为以下几个方面：

从位置和体量上体现主从关系，如图 6-7 所示；

图 6-7　从位置和体量上体现主从关系

从视觉上体现主从（高、曲）关系；

从设计内容上区分主从（广场、大厅）关系，如图 6-8 所示；

从立面造型、色彩的处理上区分主从关系，如图 6-9 所示；

从外饰材料上区分主从关系，如图 6-10 所示；

从建筑轴线求主从关系，如图 6-11 所示。

体现主从关系的形式有均衡对称和非对称两种。

图 6-8　从设计内容上区分主从关系

图 6-9　从立面造型上区分主从关系

图 6 – 10　从外饰材料上区分主从关系

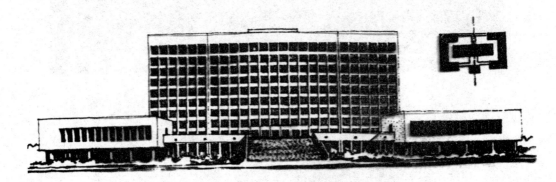

图 6 – 11　从建筑轴线求主从关系

①均衡对称的形式

在古典建筑中,常把体量高大的要素作为主体而置于轴线的中央,而把体量较小的从属要素分别置于四周或两侧,从而形成四面对称或左右对称的组合形式,其中左右对称的构图形式的建筑较为普遍。对称的构图形式通常呈现一主二从的关系,主体部分位于中央,不仅地位突出,而且能够借助两翼部分次要部分的对比、衬托等方法来形成主从关系,从而实现有机统一的整体。

②非对称形式

非对称形式主要有一主二从和突出重点两种方法。一主二从的形式指使次要部分从一侧依附于主体。对称的形式,除难适应近代建筑功能要求外,从形式本身来看,也过于机械死板、缺乏生气与活力。随着人们审美观念的发展、变化,很少有人像以往那样热衷于对称了,可以采用一主二从、突出重点的形式。突出重点的方法是指在设计中充分利用功能特点,有意地突出其中的某个部分,并以此为重点或中心(国外某些建筑师称此"趣味中心"),而使其他部分明显地处于从属地位。所谓"趣味中心"就是整体中最引人入胜的重点或中心。一幢建筑如果没有这样的重点、中心,不仅使人感到平淡无奇,而且还会由于松散失去有机统一性。

（3）以基本形重现求统一

在造型设计中,以基本形作为造型的母体,经过不断重现来求得统一,如图6-12所示。

图6-12　以基本形重现求统一

（4）结合地形求统一

造型设计按照地形的变化,随形就势,结合地形来求得统一,如图6-13所示。

图6-13　结合地形求统一

（5）以向心求统一

以某个圆心作为造型的控制点,以向心求统一,如图6-14所示。

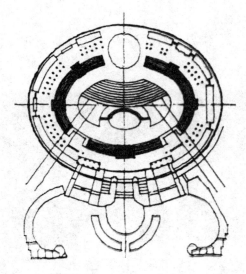

图 6 – 14　以向心求统一

6.1.2　建筑造型设计应遵循的基本定律

6.1.2.1　同一律

　　同一律,即求同,是指运用联系关系法则,强调整体性,以表现多体量空间的联系。形式的统一,表现在形式间的联系之中,如采用对称、反复、渐变、对位等求统一。

　　古代杰出的建筑如古埃及的金字塔、古罗马的圣彼得大教堂、中国的天坛、印度的泰姬·玛哈陵(图6 – 15)等,均因采用上述简单、肯定的几何形状构图而达到高度完整、统一的境地。近代建筑、现代建筑也采用几何形状的构图来谋求统一和完整,如布鲁塞尔国际博览会美国馆,赖特的流水别墅和古根海姆博物馆等。许多大型体育馆或者出于功

图 6 – 15　泰姬·玛哈陵

能、技术的要求，或者出于形式的考虑，都借用方形、圆形构图而获得统一性。

（1）对称

对称可以分为完全对称、近似对称、反转对称，如图 6 - 16 所示。

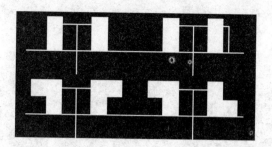

图 6 - 16　完全对称、近似对称与反转对称

（2）反复

反复是相同或相似形象的重复，包括单纯的反复、变化的反复两种，如日本东京都葛饰区东江幼稚园，多重复的屋顶形成了牧歌式的柔和氛围和情调，如图 6 - 17 所示。

图 6 - 17　日本东京都葛饰区东江幼稚园

木场是日本从江户时代以来的木材批发市场，市场上有大量从北美运来的木材，其中不乏树龄有百年以上的，这在日本可算是天然纪念物了。因此，该幼稚园的设计构思选择"天然纪念物"作为建筑的中心柱，并挑选了 54 根梢径为 30 cm 以上的松圆木建造，以此让城市里的孩子长长见识。保育室采用近似五边形的平面，屋顶采用柔和的曲线设计，上面覆盖着硅藻土，形成牧歌式的柔和氛围和情调。

（3）渐变

渐变是连续的近似。

（4）对位

对位是通过位置关系来求得造型的和谐统一。对位分为中心对位和边线对位两种，如图 6 – 18 所示。

图 6 – 18　沈阳东陵平面布局

6.1.2.2　对比律

对比律是利用相异关系法则，即各要素之间显著的差异，借彼此之间的差异烘托、陪衬各自的特点以求得变化。没有对比就会使人感到单调，过分强调对比，也会失去协调性，造成混乱。对比可以产生视觉冲击，形象鲜明生动，用于整体造型和局部造型。

产生对比的要素有大小、方向、明暗、曲直、意念、虚实、刚柔、材质和色彩等。

建筑的内容主要是指功能、形式必须反映功能的特点，而功能本身包含很多差异性，这反映在形式上也呈现出各种各样的差异性，工程结构的内在发展规律也会赋予建筑差异性。对比与微差所研究的是如何利用这些差异性求得建筑形式的完美统一。

微差指要素之间不显著的差异，是借助相互之间的共同性以求得和谐。对比与微差是相对的，如一列由小到大的连续变化的要素，相邻者之间表现出一种微差关系，如果从中抽去若干要素，将会中断连续性，如图 6 – 19 所示。凡连续性中断的地方就会产生引人注目的突变，这种突变则表现为一种对比的关系，突变的程度愈大，对比愈强。对比与微差只限于同一性质的差异之间，如大与小、直与曲、虚与实及不同形状、不同色调、不同质感等。

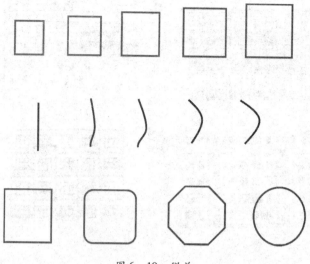

图6-19　微差

6.1.2.3　节韵律

韵律与节奏是建筑的整体或局部有秩序的变化或有规律地重复出现而激起人们的美感,它以条理性、重复性和连续性为特征。不论是群体建筑、单体建筑,还是细部装饰,都可以运用韵律美造成一种节奏感。节奏是有规律的重复;韵律是有规律的变化(渐变、起伏、交错、旋转、自由)。如石子投入水中形成波纹,图案及纹样中的几何图形,建筑也如此。按照其形式特点可将韵律分为连续的韵律、交错的韵律、渐变的韵律、起伏的韵律等四类,如图6-20所示。

(1)连续的韵律

以一种或几种要素连续重复排列而形成,各要素间保持着恒定的距离和关系且可连续延长,这在建筑立面的开窗处理及建筑带状装饰中较为多见,图6-20(a)。

(2)渐变的韵律

重复出现的组合要素,在某一方面呈规律性的逐渐变化(如长度、宽窄、疏密的变化等),便形成渐变的韵律,见图6-20(b)。

(3)起伏的韵律

保持连续变化的要素时起时伏,时而增,时而减,并具有明显起伏变化的特征而形成的某种韵律感,这种韵律较活泼且富有运动感,见图6-20(c)。

(4)交错的韵律

两种以上的组合要素互相交织穿插所形成的韵律,各组合要素一隐一显,互相制约,呈现出一种有组织的变化,见图6-20(d)。

韵律的组织注意以下几点:重复要连续三次及三次以上;起伏、渐变的韵律多适合于功能、结构复杂,各组成部分体量大小、高低不等而又较难构成完全有规律的连续排列的情况。通过变化的韵律,丰富建筑形体的立面轮廓线,或进行总体布局及内外部空间层

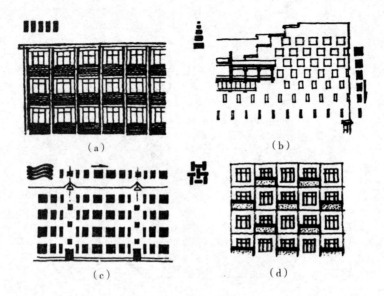

（a）　　　　　　　　　　（b）

（c）　　　　　　　　　　（d）

图 6 – 20　韵律

次的组织等；交错的韵律在建筑群体组合中多利用建筑形体本身做纵横穿插或交错的排列，组织丰富多变的室外空间。交错的韵律在立面处理中，多与材料、构造有密切的关系，例如利用阳台、遮阳板、门窗的排列等来组织交错的韵律，但这种手法必须以适用、经济为前提，不能为追求形式而变化。

6.1.2.4　均衡律

均衡是人们在与重力做斗争的实践中逐渐形成的与重力有联系的审美观念。人眼习惯于物体前后、左右轻重关系均衡的组合，给人安全、舒服的感受。因此，均衡是建筑构图中各要素左与右、前与后之间相对轻重关系的处理，通常分为静态的和动态的均衡两种。静态均衡是指在相对静止条件下的均衡；动态均衡是不等质和不等量的形态。静态的均衡有两种基本形式：对称与不对称。

（1）对称均衡

对称均衡指中轴线两侧必须保持严格的制约关系，这种对称的建筑给人以端庄、严整的感觉，因而一些重要的建筑物常借助于强化轴线两侧及端部的处理以突出中心轴线，达到加强建筑物庄重、严整气氛的目的。

（2）不对称均衡

不对称均衡主要是依据力学中力矩平衡原理，以入口处为平衡中心，利用平衡中心两侧的体量大小、高低及距中心的距离及形体的质感、色彩、虚实等要素求得两侧体量的大体平衡。如高耸的体量与横向水平体量取得平衡；小体量、质感重与大体量、质感轻的材料做的墙面取得平衡；小体量实墙与大体量开设较大窗户的墙面取得平衡；小面积深色与大面积浅色取得均衡等。

稳定与均衡密切相关。稳定主要指建筑整体上下之间的轻重关系给人的美感，要获得稳定的感觉，建筑形体一般是底面积大、重心低，即上小下大、上轻下重。获得稳定感的手法主要有以下几个方面:利用体量和体形的组合变化使建筑的体量从下向上逐渐缩小,通过尽可能降低重心求得稳定;结合功能要求,将建筑形体的底部做"基座"式或裙房处理,通过增大基底面积求得稳定;利用材料的质感、色彩给人以不同重量感求得稳定,如上浅下深,下面用石料砌筑或装修,利用"虚轻实重",上面以玻璃为主,下面以实墙为主。

6.1.2.5　数比律

比例与尺度是有区别的。尺度所研究的是建筑物的整体或局部给人感觉上的大小印象和真实大小之间的关系问题,尺度涉及真实大小和尺度。举例说,一幅画的尺度,放大与缩小其效果并不会改变。比例研究的是物体长、宽、高的度量之间的关系问题,主要表现为各部分数量关系之比,是相对的,可不涉及具体尺寸。所谓推敲比例就是指通过反复比较而寻求这三者之间最理想的关系。一切造型艺术都存在着比例关系是否和谐的问题,和谐的比例可以引起人的美感,如图 6 – 21 所示。

图 6 – 21　比例与尺度的关系

尺度、尺寸两个概念相一致,则意味着建筑形象正确地反映了建筑物的真实大小,如图 6 – 22(a)所示;如果不一致,则表明建筑形象歪曲了建筑物的真实大小。这时可能出现两种情况:一是大而不见其大,二是小题大做,如图 6 – 22(b)、图 6 – 22(c)所示,这两种情况都称为失掉了应有的尺度感。如何确定正确的尺度感? 建筑中也有一些要素如栏杆、扶手、踏步、坐凳、门窗等,基本上保持着恒定不变的大小和高度。此外,某些定型的材料和构件如砖、瓦、瓷砖等,其基本尺寸也是不变的。利用这些熟悉的建筑构件去和建筑物的整体或局部做比较,将有助于获得正确的尺度感。建筑中局部对于整体尺度的影响也很大。局部愈小,通过对比作用可以反衬出整体的高大。反之,则显矮小。问题是许多细部放大到不合常规的地步,会给人造成错误的印象,自然会歪曲建筑的大小。另外,有些建筑为了达到某种艺术效果来做特殊处理,采取比较夸张的尺度还是允许的。尺度的处理就是要妥善地解决好建筑整体和各局部及它们同人体或者人所习惯的某些特定标准之间的尺寸关系问题。类型有自然的尺度、夸张的尺度、亲切的尺度等。

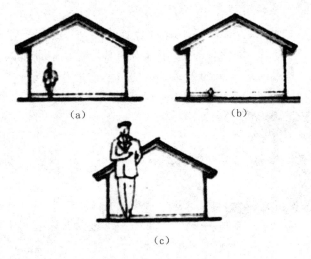

图 6 – 22　尺度与尺寸的关系

(1)自然的尺度感

自然的尺度感是尺度感基本接近实际尺寸,它常用在与人日常生活有关的建筑中,如住宅、学校、医院等。

(2)夸张的尺度感

夸张的尺度感是对于一些有特殊功能要求的建筑,往往在尺度的处理上有意识地造成感觉与真实之间的差异,如某纪念性的建筑等,希望给人以超过其真实大小的感觉,从而获得一种夸张的尺度感。

(3)亲切的尺度感

亲切的尺度感是指某些庭院建筑力求给人以小于真实的感觉,从而获得一种亲切的尺度感。

在建筑设计中,怎样获得一种和谐的比例关系呢? 早在公元前 6 世纪,古希腊著名的哲学家毕达哥拉斯(Pythagoras)认为任何事物都可以看作是抽象的数的关系。美的事物也就是数的和谐,而从形式来说,这种数的和谐就在于比例。人类至今并无统一的看法,有人用圆形、正方形、正三角形等具有定量制约关系的几何图形作为判别比例关系的标准;至今长方形的比例,有人提出 1∶1.618 的"黄金分割比"。所谓"黄金分割"也就是和谐的比例关系,AB⊥CB,AB = 2BC,M 为黄金分割点,AM/MB = 1∶0.618 或 AM/MB =

1.618:1,如图 6-23 所示。现代建筑师勒·柯布西耶把比例和人体尺度结合起来,提出 "模度"体系。构成良好比例的因素是极其复杂的,不能仅从形体本身来判别怎样的比例 才能产生美的感受。脱离材料的力学性能而追求一种绝对的、抽象的比例是荒唐的。良 好的比例一定要反映事物内在的逻辑性,美不能离开目的性,功能对于比例的影响也不 容忽视。不同民族由于文化传统的不同,也会创造出独特的比例形式。构成良好比例的 因素是极其复杂的,既有绝对的一面,又有相对的一面,企图找到绝对美的比例事实上是 办不到的。如巴黎圣母院(公元 5~15 世纪)也遵循着这种美学法则,如图 6-24 所示。 再如音乐,如果两根弦长之比为 1:0.618,则当同时发出声音时,这两个音为和声(harmony),是很悦耳的声音。

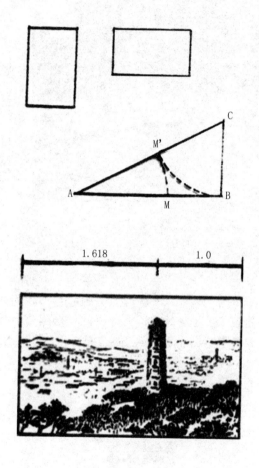

图 6-23 黄金分割比

如一幅画,重点部分不在中间,而在"黄金分割点"
上才好看。

把建筑抽象为最简单的基本形几何形,然后研究其外形轮廓和内部之间的形式关 系,这就是几何分析法。古代建筑多重视平面(二维)分析,而现代建筑则重视立体分析。 考虑方形、圆形等。

图 6 - 24　巴黎圣母院的立面的比例与尺度

如巴黎圣母院(公元 5 ～ 15 世纪)为中世纪的建筑,它也遵循着这种美学法则。由这种比例关系做成矩形构图,整体也是这个比例关系。

平面几何分析法着重将形象抽象为简洁又明确的几何关系,如北京天坛的祈年殿,如图 6 - 25 所示。美的建筑总是经得起视觉分析的。这座建筑如果把顶端和三个檐部外侧这四点连接起来,则构成一条圆弧曲线,而且圆心正好落在地面上,对称地与对面圆

图 6 - 25　天坛祈年殿的比例与尺度、立面分析

弧互补。不过,现代建筑造型大多不把立面作为一个孤立造型形象来对待,而多从立体和空间整体上把握,这就是下面要说的立体几何分析法。

　　所谓立体应当包括实体和空间两个方面,是三维的空间,或者是完整空间。立体几何分析法为现代建筑造型方法,它把建筑视为一个立体或空间的对象,如赖特的流水别墅。这座建筑的美是众所周知的,从该建筑的造型组合来看,显然是上下、左右、前后三大块立方块体。这三块有统一的体积形态,但是相互有对比,下面一块是水平横向的,上面一块是水平纵向的,后面一块是垂直向上的,给人视觉上是和谐有序的,但又富有变化。这三个方向的几何块体不是随便构成的,而是作者精心设计的,以他自己的话来说:我喜欢抓住一个想法,戏弄之,直至最后成为一个诗意的环境。

　　又如美国芝加哥的西尔斯大厦(图6-26)曾经一度是世界上最高的建筑,高达443米,110层。设计者(美国SOM事务所)运用现代建筑的"母题"法则,即以一个造型要素(方柱形体块)进行构思,以九块形式相同的方柱形体组成一个"九宫形"的平面,1~50层,51~66层减少两块,67~90层再减少两块,91~110层就剩下两个格,这座建筑富有变化,从不同角度看,形象不完全相同,但又都很美。贝聿铭设计的美国华盛顿国家美术馆东馆(图6-27),由于路网关系,建在一个直角梯形地块上,因此给建筑布局带来很大难度。他大胆地把这个地块看作一个"建筑的整体",然后用切割、挖补等方法,最终将它组成一块等腰三角形、一块直角三角形。这不仅解决了功能问题,又使形体在统一中富有变化、有对比,可谓较成功的范例。

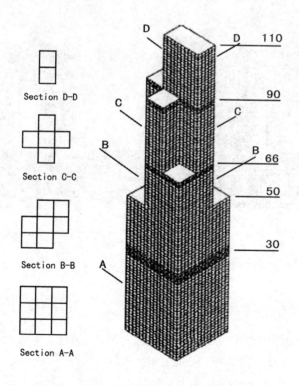

图6-26　西尔斯大厦的平面及体块分析图

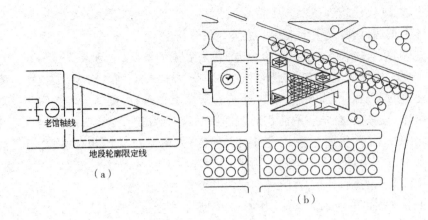

图 6 – 27　华盛顿国家美术馆东馆

(a)地形状、路网走向与建筑平面关系分析;(b)总平面图

另外,注意视觉、视差的问题,如图 6 – 28 所示。建筑形象的透视变形,是由于人们在观赏建筑时的视差所致,即人的视点距建筑越近,感到建筑越大,反之感到越小。透视仰角越大,建筑沿垂直方向的变化越大,前后建筑遮挡越严重。考虑这一因素,推敲立面时应把透视变形和透视遮挡考虑进去,才能取得良好的体形效果。另外,在古希腊神庙中也运用视差校正法。

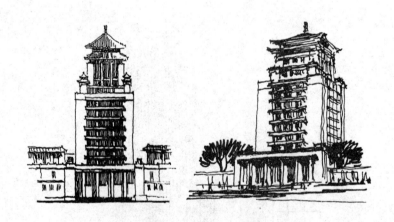

图 6 – 28　视觉和视差

北京民族文化宫的塔楼,立面比例偏高,而建成后楼顶是合适的。

6.1.3　建筑造型的基本要素

实形态是直接作用于感官的积极形态,是人眼可以看见,触摸到的实际占有空间的形态。虚形态是人眼看不到,触摸不到的消极形态,只能通过大脑思考而联想到的形态,不能单独存在,要靠积极形态相互作用才能形成。点、线、面、体可组成不同"表情"的建筑形态,具有传达情感的作用,如和蔼、严肃、震撼、死亡、微笑、谨慎、发怒、撕心裂肺。

点是活泼的因素,点造型在形式构图中,被认为是只有位置的视觉单位,没有连续性、方向性。点具有位置、加强、中心、动静、方向等效应。点具有序和自由的构成方式。

　　线是点的移动轨迹,具有一个维度。线造型具有轻巧感、动感、含有导向性。其分类有几何(直与曲)、自由两种。线的性格包括直线(粗、细、折)和曲线(几何、自由)。

　　面是线的移动轨迹,具有两个维度。有实感或侧视的轻巧感。面与形分为直线系形、曲线系形(几何形和自由形)。面的处理手法包括分割、合成、划分、减却、主导和表情等。

　　体在形式构图中为面的移动轨迹,具有三维空间维度,占有空间量,见图 6 – 29。体造型具有充实感和重量感。垂直的体造型具有庄重、向上的表情,水平的体造型具有平和、舒展的特征,斜向的体造型具有动感。造型方法主要有削减法、添加法和组合法。体的设计主要通过变换角度、变换方向、变换虚实、变换形态和变换色彩等方法实现,见图 6 – 30。

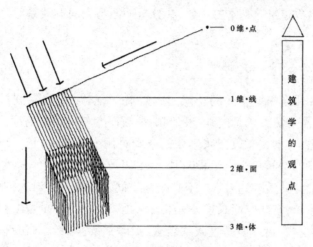

图 6 – 29　元素与形态

图 6 – 30　变换虚实——荷兰国民人寿保险公司大楼

6.2　公共建筑的内部空间处理

公共建筑的内部空间是人们为了某种目的(功能)而用一定的物质材料和技术手段从自然空间中围隔出来的,它应当在满足功能要求的前提下具有美的形式,以满足人们精神感受和审美方面的要求。

下面从空间的形式对于人的精神感受方面来探讨内部空间的处理问题。

6.2.1　单一空间的形式处理

单一空间为构成建筑最基本的单位,在分析功能与空间的关系时从单一空间的形式入手。

6.2.1.1　空间的体量和尺度

空间的体量和尺度根据空间的功能使用要求来确定。室内空间尺度感应与房间的功能性质相一致,需要实事求是地确定房间的平面尺度和空间的高度。例如日本建筑师芦原义信曾经指出:日本式建筑四张半席的空间对两个人来说,是小巧、宁静、亲密的空间。日本四张半席的空间约相当于我国 10 m² 的小居室,作为居室尺度是亲切的,但这样的空间却不能适应公共活动的要求。有些公建空间一般都具有较大的面积和高度,这是出于功能要求。另外,有些空间尺度不是由于功能使用要求,而是由精神方面的要求所决定。某些特殊类型的建筑如高直式的教堂、纪念堂或大型公共建筑,具有庄严、宏伟、博大或神秘的感觉,空间体量往往可以大大地超出功能使用要求,人们不惜付出高昂的代价,追求强烈的艺术感染力。

按照建筑功能性质实事求是地确定房间的平面尺寸和空间的高度,是内部空间设计必须遵循的原则。室内空间的高度可以从绝对高度和相对高度两方面来看。绝对高度就是实际层高,相对高度不单纯着眼于绝对尺寸,而且要联系到空间的平面面积来考虑。人们从经验中体会到:在绝对高度不变的情况下,面积愈大空间愈显矮小。确定室内净高(房间内楼地面到顶棚或其他构件底面的距离)应该考虑以下几个方面:室内使用性质和活动特点的要求(居室 2 800 mm,宿舍 3 200 mm,教室 3 400 mm 等);采光、通风的要求;结构类型的要求;设备设置的要求(如医院手术室的照明设备与净高关系);室内空间比例的要求。

设计时应注意尺度低矮,给人的感受是亲切,但是空间尺度过低,给人的感受则是压抑;相反,空间尺度较高,显得高耸,过高,则显得空旷、不亲切。另外,在高度尺寸不变的情况下,面积愈大的空间产生压抑感愈强,因而地面、顶棚的面积和房间的高度应保持一个恰当的比例,这个比例将造成室内空间的亲和感,比例不适当则会相对的低矮或高耸。

6.2.1.2　空间的形状与比例

不同形状、比例的空间会给人不同的感受。确定空间的形状与比例应结合功能与精神感受来考虑,使之不仅适用、保证功能的合理性,而且又具有特定的艺术意境和精神感受。

不同比例的空间给人的感受不同。如长方形空间,窄而高的空间竖向的方向性较强烈,会产生向上的感受,可以激发人们产生兴奋、自豪、崇高或激昂的情绪,如高直式的教堂和摩天楼等;细而长的空间,其纵向方向性较强烈,可使人产生深远的感受,借其指向性,可以诱导人们怀着一种期待和寻求的情绪来欣赏,如颐和园的长廊,线形建筑空间"宜曲宜长为胜",列柱顶着屋顶,造成一种通透,形成"虚"的空间形式,如同纽带一样联系着园林的各部分建筑。

按照形状可以将空间分为规则与不规则两类。规则空间给人的感受是严肃、隆重;不规则空间给人的感受是活泼、开敞和轻松等。由此可见,空间会因为形状的不同而给人以不同的感受。穹窿形状的空间给人以向心、内聚、收敛的感觉;反之,则给人以离心、扩散和延伸的感觉。

6.2.1.3　空间的围合与通透

室内空间是围合还是通透将会影响到人的感受、情绪。围合的空间给人以封闭、阻塞、静止和沉闷的感受;通透的空间给人以开敞、流动和明快的感受。大多数建筑应该既有围,又有透。在空间中,围与透是相辅相成的,只围不透会让人感到闭塞,但是只透而不围的空间尽管开敞,但是犹如置身室外,违反了建筑设计的初衷。

在设计时,要注意空间的围透关系应与房间的功能性质和结构形式相适应,应与朝向结合、应与室外环境结合、应与引导人的视线方向结合。西方古典建筑,由于采用砖石结构,开窗面积受严格限制,特别是宗教建筑,造成封闭、神秘的气氛。我国古代传统建筑,由于采用木构架,开窗较为灵活,甚至几乎四面透空。围与透的处理与朝向的关系十分密切,好朝向一面尽量争取透,可以大面积开窗,其余面可用实墙围合,致使我们的建筑要像花朵一样开向阳光。处理围与透的关系还应考虑周围环境,凡是面对环境好的方向应取通透,面对环境不好的一面应取围合,见图 6 – 31。凡透空的部分因视线可穿透而吸引人的注意力,利用围与透的处理把人的注意力吸引或阻挡到某个确定的方向。

6.2.1.4　内部空间的分隔处理

内部空间的分隔是指因结构或功能要求需要设置列柱或夹层等,把原有的空间分隔成若干个较小的空间部分。

(1)列柱对于内部空间的分隔

列柱对于内部空间的分隔形成竖向分隔感,应注意做到主从分明,并突出主体空间。其设置应当在保证功能和结构合理的前提下,使其有助于空间形式的完整统一,又能利用它来丰富空间的层次与变化。设置方式概括起来有单排列柱、双排列柱和多排列柱等,见图 6 – 32。

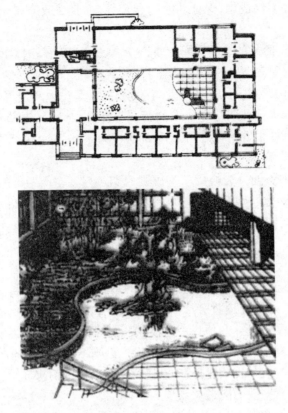

图 6-31　围合与通透

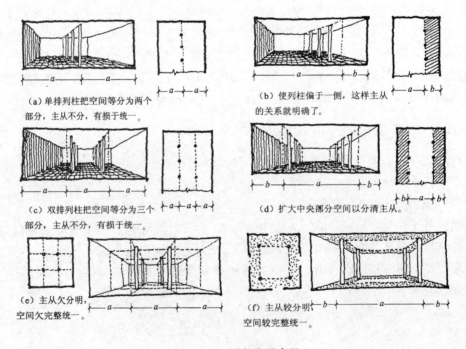

（a）单排列柱把空间等分为两个
部分，主从不分，有损于统一。

（b）使列柱偏于一侧，这样主从
的关系就明确了。

（c）双排列柱把空间等分为三个
部分，主从不分，有损于统一。

（d）扩大中央部分空间以分清主从。

（e）主从欠分明，
空间欠完整统一。

（f）主从较分明，
空间较完整统一。

图 6-32　列柱分隔空间

单排列柱分隔空间,通常情况不宜将列柱置于大厅正中,应按照功能特点将其偏于一侧,加强整体的统一性,突出主体空间。

双排列柱分隔不宜将空间等分成三个部分,可以边跨大、中跨小或边跨小、中跨大,这样使空间主从分明,并突出主要空间。四根列柱分隔的空间为九个部分,宜把列柱移至四角,使中央部分空间扩大,使空间的分隔主从分明,还可以形成"回廊",增加空间层次。这种分隔空间的方法多用于门厅,适用于矩形、圆形的中跨大、边跨小的平面。采用多排列柱分隔空间是当空间面积过大,此时功能并不需要突出某一部分空间,在这种情况下最好使柱网均匀分布以削弱列柱的感觉,如商业建筑、食堂等空间。

(2)夹层分隔空间

夹层分隔空间形成横向分隔感。沿着空间一侧设置夹层,空间一分为三,夹层高度不大于总高度的1/2,可通过楼梯设置夹层,使夹层下获得亲切感,夹层宽度不宜太深,以免使夹层下空间显得压抑;沿着空间两侧、三侧或四周设置夹层,夹层部分陪衬中央部分空间,更显高大和突出,主从关系更分明,如跑马廊(即沿着大厅四周设置夹层)也是空间四周设置夹层的一种分隔空间的形式,见图6-33。

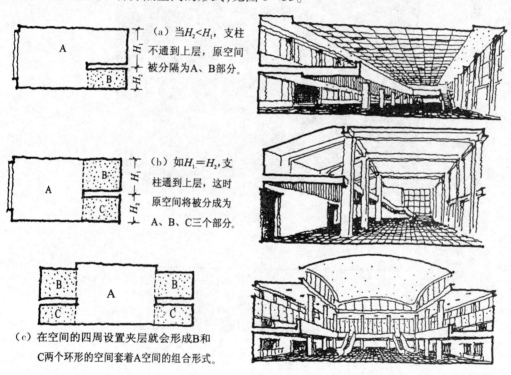

(a)当$H_2<H_1$,支柱不通到上层,原空间被分隔为A、B部分。

(b)如$H_1=H_2$,支柱通到上层,这时原空间将被分成为A、B、C三个部分。

(c)在空间的四周设置夹层就会形成B和C两个环形的空间套着A空间的组合形式。

图6-33　夹层分隔空间

(3)利用地面的局部下沉或升高分割室内空间

利用地面局部下沉,下沉部分空间就产生了一个界限分明的独立空间,这个空间给人一种安全感、宁静感,其下降高度少则1~2个台阶,多则4~5个台阶,高差过大,应增设围栏,但高差不宜超过一层层高,否则有进入地下室之感。地面局部升高则形成地台式空间,和原有空间相比,地台式空间十分突出、醒目,常为表演和展品布置,利用地面局部下沉或升高,其面积、位置应随功能确定,另外顶棚的升降也可用来分隔空间,顶棚的升降与地面的升降有异曲同工之妙。

6.2.2 多空间的组合处理

单一空间是构成建筑最基本的单位,若干个单一空间组织在一起,便形成了多空间,多空间的组合所涉及的各种问题,可归纳为以下几个方面:

6.2.2.1 联系与分隔

空间的多个层次是指包括室内外空间、灰空间、内部各空间之间、同一空间不同部位等,如图 6 – 34a、图 6 – 34b 所示。

图 6 – 34a 中国现代文学馆大厅

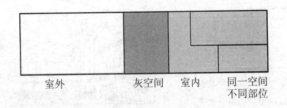

图 6 – 34b 空间的多层次关系

6.2.2.2 对比与变化

对比与变化是指利用相邻空间的某一方面的差异,而互相衬托各自的特点,使人们从一个空间进入到另一空间时感到差异性的对比作用,得到情绪上的突变和快感,变化是对比产生的效果,如图 6 – 35 所示。

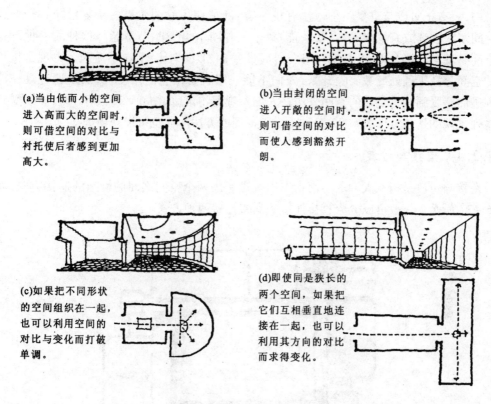

(a)当由低而小的空间进入高而大的空间时，则可借空间的对比与衬托使后者感到更加高大。

(b)当由封闭的空间进入开敞的空间时，则可借空间的对比而使人感到豁然开朗。

(c)如果把不同形状的空间组织在一起，也可以利用空间的对比与变化而打破单调。

(d)即使同是狭长的两个空间，如果把它们互相垂直地连接在一起，也可以利用其方向的对比而求得变化。

图 6 - 35　空间的对比与变化

（1）高大与低矮

高大与低矮是利用相邻两个空间体量的悬殊对比，当由小空间进入大空间时，可借体量的突变使精神为之一振。一般在通往主体大空间之前，有意识地安排一个极小或极低的空间（或过厅），人们在这个小空间内视野被压缩，而一旦进入开阔高大的主体空间，就会引发情绪上的激动和振奋。

（2）开敞与封闭

封闭的空间一般较暗淡，与外界隔绝；开敞的空间较明朗，与外界联系相对密切。有意识地在两个相邻的空间做开敞、封闭的不同处理，使人从强烈对比中顿感豁然开朗。

（3）不同形状之间的对比

空间的形状对比可以打破单调，求得变化，形状与功能是相适应的，如体育馆的比赛大厅顶界面的形状就是对球体运行的轨迹的考虑，看台部分的设计是对视线升起、排距等方面的考虑。

（4）方向对比

矩形空间纵横交错的组合呈现出空间的方向变化，方向对比会产生不同的心理感受。

6.2.2.3　重复与再现

如果说对比是打破单调求得变化，那么重复是借助谐调求统一。在建筑内部空间的组合中,只有把对比与重复两种手法有机结合,才能获得好的效果。重复指同一种形式的空间多次连续或有规律地出现,它能形成一种空间的韵律、节奏感。这种同一种形式的空间是基本的组合单元,其排列组合的数量愈多,形成韵律、节奏感愈强。再现是指相同的空间分散于各处或被分隔开来,人们不能一眼就看出它的重复性,而是通过逐一地展现进而感受到其重复性的空间方法。人们参观博物馆(如图 6 – 36 所示)时,能感受到一系列再现的切角方形的空间。另外,运用再现的方法同样也可以获得韵律、节奏感。

6.2.2.4　衔接与过渡

衔接与过渡是指从人们的生活状态出发来考虑两个空间之间的恰当的连接方式,如图 6 – 37 所示。一般可以分为直接连接和间接连接两种方式。

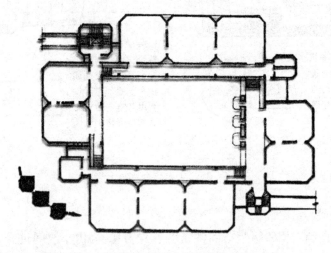

图 6 – 36　空间再现

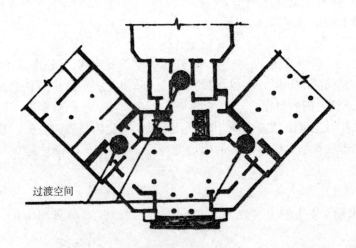

图 6 – 37　空间的过渡

　　两个空间之间的直接连接,多采用"隔断"的方式,即从一个空间进入另一个空间之前,先经过这个由隔断围出的小空间,使空间的转换在这里形成一种过渡和缓冲。有时也采用压低某一部分空间的方法来起到空间过渡的作用。

　　两个空间之间的间接连接是指个两空间之间插入一个过渡性的第三空间(如过厅),由于第三空间的存在,使空间的连接更显段落分明。过渡空间应该小、低、暗些,应尽量利用辅助性房间或楼梯、厕所等巧妙地插进。如室内外过渡空间一般借助门廊、悬挑雨篷等起到空间衔接、过渡、缓冲等作用。

6.2.2.5　渗透与层次

　　渗透是指两个相邻空间之间有意识地采取互相连通的手法,使两个空间彼此延伸,相互因借,从而增强空间层次感。采用渗透方式分隔空间,各空间完整性减弱,呈现出"你中有我、我中有你"的极为丰富的层次变化,"流动空间"(图6-38),正是对这种空间形象的概括。在设计中可以采用博古架、落地罩、灵活隔断和大面积玻璃隔墙等达到这一目的,如图6-39、图6-40所示。

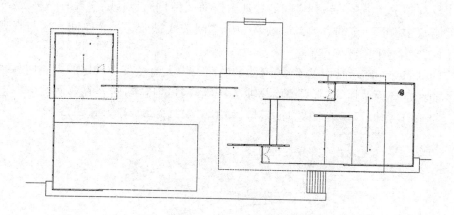

图 6-38　流动空间

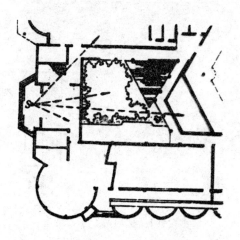

图 6-39　空间的渗透

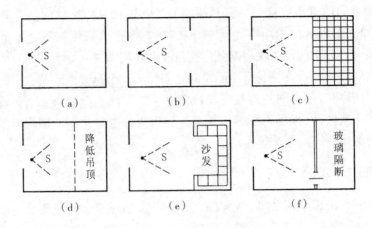

图 6 - 40　空间的层次

6.2.2.6　引导与暗示

引导与暗示是指在一系列空间的处理中借助一种自然、巧妙、含蓄的手法,诱导人流于不经意之中沿着一定的方向或路线从一个空间依次进入另一个空间。这与直观的指示牌不同,它是空间组合的范畴。

空间的引导与暗示常用的手法:弯曲的墙面引导人流从某个确定的方向向另一空间流转。曲面富有运动感,弯曲的墙面易使人产生一种期待感,希望在弯曲的方向上有所发现,于是不自觉地引至某个确定的目标,如图 6 - 41、图 6 - 42 所示。

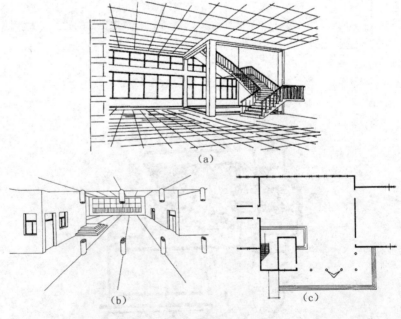

图 6 - 41　空间的引导与暗示

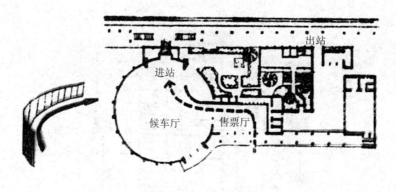

出站

进站

候车厅　　售票厅

图 6 - 42　空间的引导与暗示

6.2.2.7　组织与节奏

空间序列的组织与节奏,不应与前几种手法并列,它是一种统摄全局的空间处理手法。空间序列的组织就是把空间的排列和时间的先后这两种因素有机地统一起来,使人能在静止和运动中获得良好的观赏效果,并沿着一定路线走完全程后,能感受到建筑空间的谐调与变化,从而留下完整深刻的印象。节奏分为起始阶段、过渡阶段、高潮阶段、终结阶段四个阶段。起始阶段为序列的开端,应使其有足够的吸引力而引起人们的注意;过渡阶段可表现若干不同层次和细微的变化;高潮阶段是序列中精华和中心之所在,如何能在该阶段获得最大的心理满足是设计的核心;终结阶段是经过高潮回归平静,恢复常态,有良好的结束处理,可引起对高潮阶段的追思和联想,并耐人寻味。

空间序列在设计时应注意以下几点:不同类型的建筑对序列有不同的要求,应与功能结合,如交通性客站就要求序列减少层次,节约时间,而观赏游览性建筑就可以迎合游客心理,拉长序列,并在不同阶段给予精心处理;不同序列布局给人不同感受。对称式布局给人以庄严、肃穆和率直的感受;自由式则比较活泼、轻松且富有情趣。此外,观赏序列的路线也有直线、曲线、循环、迂回及立体交叉等多种形式。不同类型的建筑可以按其功能性质特点和性格特征分别选择不同类型的序列布局和序列路线,如毛主席纪念堂的空间序列组织设计,如图 6 - 43 所示。

空间序列的组织应使逐一展开的一连串空间有起伏、有抑扬、有一般、有重点、有高潮。由此可见,空间序列的组织实际上就是综合地运用对比、重复、过渡、衔接等一系列空间处理手法,把个别的、独立的空间组织成为有秩序、有变化的统一完整的空间集群。

6.3　公共建筑的外部体形处理

建筑造型是指建筑形象的美学形式,它一方面受环境条件制约,另一方面受建筑功能要求制约。在建筑方案设计阶段,建筑造型设计应注意的几个比较重要的问题是立意构思、形式美的规律的运用、体块处理、注意层次与细部等,只要深入理解和把握以上几个环节就可以解决造型上的诸多问题。

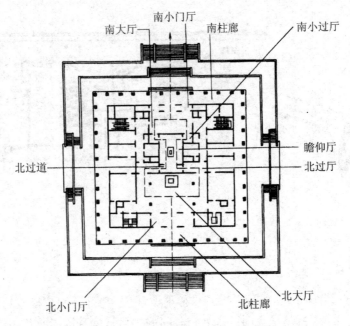

图6-43　毛主席纪念堂——序列与节奏

　　建筑造型与立面处理实际上是建筑内部空间合乎逻辑的反映,是人们对于建筑的第一观感和印象,是体现建筑艺术性的重要方面,而内部空间(形式、组合)又必须符合功能的规定性。外部体形不仅是内部空间的反映,而且也间接地反映出建筑功能的特点。正是千差万别的功能才赋予了建筑体形以千变万化的形式。建筑造型与立面处理要考虑建筑个性与性格特征的表现。建筑设计的任务就是把内部空间与外部体形完整地统一起来,达到表里如一。建筑造型与立面处理的成功与否,不仅影响建筑本身美感,也影响建筑周围环境,甚至城市风貌特色。

　　建筑的个性是性格特征的表现,性格特征是功能的自然流露。例如以走道空间组合的办公楼、医院、学校等,反映在外形上呈现带状的长方形。剧院、体育建筑的体量巨大,没有建筑能够与其相比。

6.3.1　建筑造型的分类

　　建筑造型具有象征性特征,即建筑造型在大多数情况下只能采取非具象的象征形式,只能通过色彩组合、方向变化、光影处理、虚实安排、质感差异等,以抽象的构成形式来创造某种心理感受,如庄重、肃穆、明朗、轻快、高雅等,而不便于用典型的具体形象来隐喻任何事物、事件和思想。

6.3.1.1　雕塑式

　　采用雕、剔、挖的方法来塑造建筑体型。这种造型使人感到棱角分明,凹凸光影变化丰富,立体感强,具有艺术表现力。

6.3.1.2　组合式

把各个不同形式的建筑部分,通过一定的造型手段组合成一个有机整体的建筑造型形态。这种造型有强烈的规律性,次序感强,从整体到局部都体现出有机的联系。体量庞大的建筑或建筑群通常采用这一方式。

6.3.1.3　装饰类

通过符号拼贴、店标、招牌、标记、材料、色彩等建筑装饰手段来塑造建筑造型。多用于商业、游乐建筑等,它构思新奇、情趣性强,形式多样,往往摆脱环境影响,形象不拘一格。

6.3.1.4　结构类

依靠结构逻辑、力度、稳定性来表现力与结构的逻辑美。如悉尼歌剧院、香港中国银行大厦等。

6.3.1.5　文脉类

从民族文化传统中寻求造型的原始符号,然后把其与现代造型规律和审美观念揉合在一起,从中提取新的,与民族文化有血缘关系的本土建筑造型的形式来。

6.3.1.6　其他类

广告型使造型具有很强的广告功能;具象型使造型具有生活中具体生物或物品的形象特征。

6.3.2　建筑形体的组合方式

任何复杂的建筑形体均可以简化为基本形体的组合,建筑的基本形体有立方体、柱体、锥体、球体等,这些简单的几何体单纯、完整,各自具有不同的视觉表情及表现力,容易被人感知和理解。建筑形体的组合方式有三种:一种是以建筑基本形体自身三个向度的变量,进行大小、形状和方向的改变,即单一基本形体的体形;第二种是由两个基本形体(复合形体)的组合形体;第三种是多元基本形体的组合方式的改变的形体。

6.3.2.1　单一基本形体的变形

单一形体无明显的主次关系和组合关系,造型一般规整、统一和简洁且富有雕塑感。利用基本形体自身进行变换是造型设计中一个极为重要的方法,常见的基本形体的变换方式有增减(图 6 - 44)、拼镶(图 6 - 45)、膨胀、收缩、分裂、旋转、扭曲及倾斜。

增加是在基本形体上增加附加体,但附加体应处于从属地位,过多过大的附加体会影响基本形体的性质,如宿舍楼上增加小亭子;削减是在基本形体上挖切一部分,原形体仍然保持完整性,如削减过多或过大的边棱、角部就会使原形体转化为其他形体;拼镶是不同质感的材料、不同形状的表层并置和衔接,并做凸凹的变化,造成形体上不同特性的

图 6-44　增减

图 6-45　拼镶

部分的对比及变化;膨胀是指基本形体在向各个方向或某些方向之外鼓出,使边棱、外表面成为曲线或曲面,使规则的几何形体具有弹性和生长感;收缩是形体垂直面沿高度渐次后退,使体量自下而上逐渐缩小,反之也可自上而下收缩,造成形体上大下小,产生倒置感;分裂是基本形体被切割后进行分离,形体不同部位的对立可以互相吸引,形体可局部分开,也可以完全分开,但应仍保持整体的统一性和完整的感觉;旋转是形体依一定的方向旋转,一般在水平旋转的同时,也可以做垂直方向的上升运动,使之产生强烈的动态和生长感;扭曲是基本形体在整体或局部上进行扭转或弯曲,使平直刚硬的几何形体具有柔和感、流动感,包括侧面、顶面的扭曲;倾斜是形体的垂直面与地面成一定角度的倾斜,也可使部分边棱和侧面倾斜,造成某种动势,但仍应保持整体稳定感。

6.3.2.2 两个基本形体的组合——复合形体

两个基本形体(复合形体)的组合主要是指两个形体间的相互组合关系,由于形体复合,使之更能适应复杂的功能要求,且空间造型也更丰富灵活。常见基本形体间相联系的方式有分离、接触、渐变、对比、稳定、近似、特异、重叠、相交、分量(图6-46)、连接(图6-47)等。

图6-46 分量

图6-47 连接

分离是形体间保持一定距离而具有一定的共同视觉特性、方位上的变化;接触是两个形体保持各自独有的视觉特性,视觉上连续性强弱取决于接触方式,面接触的连续性最强,线接触、点接触依次减弱;相交是两个形体不要求有视觉上的共同性,可为同形及近似形,也可为对比形;渐变是基本形体在形状、大小、排列方向上有规律地按照一定级差进行的变化,既有程序,又产生强烈的韵律感;对比是基本形体各有不同的视觉特性,各形体间产生强烈对比,也可以是个别形体同群体进行形状、大小、质感、方向及色彩等的对比;稳定是形体上构成上轻下重的关系,体量逐渐向上收缩,以降低重心或采用有明显中轴线的对称构成,以取得稳定感;近似是基本形体在视觉因素上相近,形体构成要素上有一定的差异,其重复出现有一定的连续性,又有一定的形态变化;特异是基本形体做规律性的重复,个别形系可为插入、咬合、贯穿、回转及叠加等,如图 6-48 所示;连接是由过渡性形体将两个有一定距离的形体连接为整体,连接体可为不同于所连接的两个形体,可造成体量上变化形成形体的特点。

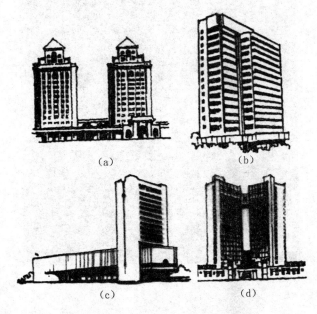

图 6-48　两个基本形体的组合
(a)分离;(b)接触;(c)相交;(d)连接

6.3.2.3　多个基本形体的组合方式

　　多个基本形体的组合要从整体出发,做好体块分析,找到形体间的分界线,把不同体量的数目减至最少,归纳出主要与从属的形体的关系。按主体与辅助部分的相互关系,有重点、有组织、有秩序地组合成主次分明、协调的外部形体。多个基本形体的组合可产生不同的心理感受,个性鲜明。多个基本形体的构成法则分为重复、均衡、主从等。重复就是基本形体反复出现,以其规律性、秩序性产生节奏感。基本形体可为一种,也可做形体、大小、方位、质感、色彩等方面的明显改变,引起视觉上的刺激。一般多个基本形体组合的方式有重现、相似(图 6-49)、突破、自由、轴线、串联、累积(图 6-50)。

图 6－49　相似

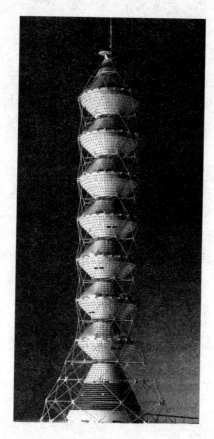

图 6－50　累积

6.3.3 建筑造型设计的整体性问题

建筑造型设计的整体性包括三方面内容:建筑体型各部分彼此是否均衡、建筑物的整体是否稳定、建筑物主从关系处理是否得当。

6.3.3.1 建筑体型各部分彼此是否均衡

均衡是指人们在与重力做斗争的实践中逐渐形成的与重力有联系的审美观念。人眼习惯前后、左右均衡组合,给人安全、舒服的感觉。

均衡分为动态与静态两种。动态的均衡是由一些富有动感的要素(曲线、螺旋线、倾斜线等)参与构图,呈现出活动、动态感;静态的均衡又分为对称与不对称两种,其中不对称均衡组合主要依据力学中力矩平衡原理,以入口处为平衡中心,利用两侧体量大小、高矮及距离平衡中心距离及形体的质感、色彩、虚实等,求得两侧体量上的大体均衡及视觉心理上的整体感。

建筑体型各部分彼此是否均衡可以通过以下方法获得:小体量的实墙与大体量开设大窗的通透墙面;小面积较深色与大面积较浅色调;质感重的材料所做的墙面与质感轻的材料所做的墙面。

6.3.3.2 建筑物的整体是否稳定

稳定是指建筑整体上下之间的轻重关系给予人的美感,一般底面大、重心低,即上小下大、上轻下重。

建筑物的整体是否稳定可以通过以下方法获得:由上至下逐渐缩小和降低重心;结合功能要求,将形体底部做基座式或裙房处理;利用材料粗糙与细腻的质感效果,给人不同重量感求得稳定。

6.3.3.3 建筑物主从关系处理是否得当

建筑形体为有机整体,各组成部分不能一律对待,应有重点、一般,以对比显示形体间的差异,以呼应取得形体间的联系。

建筑物主从关系处理通常可以采用轴线法、"一主二从"法、突出造型法、连接体法等方法,如图 6 - 51 所示。轴线法可将主体置于主轴线上,从属形体在两侧或周围,以对比突出主体。连接体法是用连接体连接整个体量形成完整统一的构图。

6.3.4 建筑层次、立面及细部处理

多样统一的规则贯穿于群体布置、平面、空间布局、体形组合、立面及细部设计等,运用这一规则,从统一出发,通过变化,达到新的统一。

建筑层次包含了建筑在体型组合时,不同体块从上到下、从前到后的层次关系问题,其实就是形体的凹凸变化。当层次营造出来后,建筑造型也就丰富起来且富有变化,但是这种变化同样也要遵循形式美的规律,做到变化中求得统一。

建筑立面设计是在符合功能使用和结构构造等要求的前提下,对建筑空间造型进一

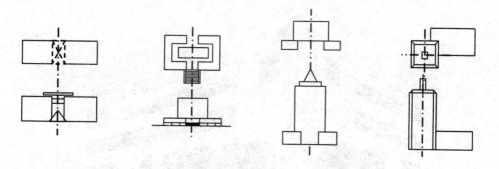

图 6－51　建筑物主从关系处理的方法

步美化。立面设计以对比求得统一、变化。体量和空间的对比,主要表现为方向性的对比、形状的对比和直与曲的对比;立面组合的对比主要表现为立面形状的变换、虚实对比、敞闭对比、集中与分散、繁简与疏密对比、断续对比等;建筑表面表现形式的对比主要是指色彩、质感、纹理等。立面设计反映在各个建筑部件如门窗、墙柱、屋顶、檐口、雨篷及阳台等。研究对象主要为上述构件的几何线型、比例关系、凸凹关系、明暗虚实、光影变化和色彩质感等,如图 6－52、图 6－53 所示。

图 6－52　凹凸关系

　　"凹"是指立面上的凹廊、凹洞等凹进部分,凸是指立面上的挑檐、雨篷、遮阳、凸窗、凸柱等凸出的部分。凹凸处理得当,可以丰富建筑立面的轮廓,并加强光影变化。

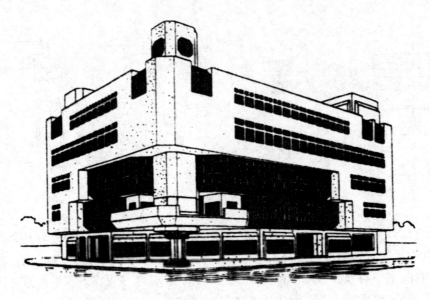

图 6-53 虚实关系

"虚"是指立面上的虚空部分,如玻璃、门窗洞口、凹廊等,给人感到轻巧、通透及开敞之感;"实"是指立面上的实体部分,如墙柱、屋面等,给人感到坚实、封闭和厚重之感。虚实缺一不可,只有二者巧妙结合,才能使外观既轻巧而又有力。

建筑形象的感染力主要取决于形与色,因而形与色同样也是重点。建筑色彩的处理,一是对基本色调的选择,二是建筑色彩的构图。对比的色彩使人感到兴奋,过于强烈的对比又使人感到刺激。尽量使用调和的色彩,如果过分调和,会使人感到平淡乏味。

6.3.4.1 建筑色彩构图

建筑色彩构图指用补充色彩弥补基调的某些不足,对建筑色彩进行统筹考虑和调整。主要包括色相及明度选择、色块分配比例、确定用色部位等方面。

6.3.4.2 基本色调的选择与气候条件、建筑性质等有关

其中托幼——活泼;医院——洁净、淡雅;居住建筑——红、橙、黄、黄绿、绿、蓝绿;办公建筑——黄绿、绿、蓝绿;娱乐建筑——红、橙、黄;商业建筑——红、橙、黄、黄绿、绿等。

6.3.4.3 质感处理

材料在粗细、坚柔、纹理之间存在差异。质感处理一方面从材料本身谋求,另一方面是靠人工"创造"。

6.3.4.4 立面重点处理

立面重点处理是突出建筑主体的重要手段。如果立面不分主次,会导致彼此互相削弱;突出重点的手法是有意地突出某个部分,并以此为中心,使主从分明,完整统一。

6.3.4.5　立面的局部和细部处理

立面的局部和细部是建筑整体不可分割的组成部分,若处理得当,会起到影响全局的效果,在处理时要精心考虑,使立面做到完整统一。其具体部位包括踏步、雨篷、大门、花台、柱子、墙面、门窗、檐口、阳台、遮阳及各种装饰图案和线条等。

6.4　公共建筑群体组合

公共建筑设计包括建筑单体设计和总体设计,其中总体设计又可以分为建筑群体组合设计和总平面设计,建筑群体组合设计是指把若干幢单体建筑组织成为一个完整统一的建筑群。若干幢建筑摆在一起,只有摆脱偶然性而表现出一种内在的有机联系和必然性时,才能真正地成为群体。这种有机联系主要受两个方面因素的制约:其一,群体组合必须正确地反映各建筑之间的功能关系;其二,必须和特定的地形条件相结合。一般认为群体空间组合设计首先较多地从功能角度考虑问题,使之满足使用要求是设计的基础;其次是适应环境条件且在建筑美学原则的指导下推敲建筑群体的空间构图,通过群体间的高低、错落、进退、疏密及各自体形、体量等的协调和对比,获得和城市景观融为一体的统一而有变化、生动而有特色的完美建筑群体空间形象。

6.4.1　公共建筑群体组合要点

公共建筑群体组合要从建筑群的使用性质出发,着重分析功能关系,加以合理分区,运用道路、广场等交通联系手段加以组织,使总体布局联系方便、紧凑合理,在群体建筑造型处理上,需要从性格出发,结合周围环境特点,运用各种形式美的规律,按照一定的设计意图,创造出完整统一的室外空间组合。运用绿化及各种建筑小品的手段丰富群体空间,取得多样化的室外空间效果。

6.4.2　公共建筑群体组合类型及特点

建筑群体空间的组合方式有多种,依靠建筑或建筑群本身的围合,使各建筑物形体彼此呼应、制约,形成完整、统一的外部空间。其主要建筑常位于主要部位,而广场、道路、绿化、小品等要素则起到充实、点缀的作用。

6.4.2.1　分散式布局的群体组合

分散式布局的群体组合是指有许多公共建筑,因其使用性质或其他特殊要求,可以划分为若干独立的建筑进行布置,使之成为一个完整的室外空间组合体系,大量民用性建筑适用分散式,效果较好,医疗建筑、博览建筑等也经常采用这种方式。

其特点是功能的适应性较强,分区明确,减少不同功能间的相互干扰;地形的适应性较强,有利于适应不同的不规则地形,可增加建筑层次感;有利于争取良好朝向和自然通风。其分类包括对称式(轴线)、不对称式(自由式)两种。

对称式组合方式包括两种方式:一种是以建筑群体中主体为中心轴线,连续几栋建筑在中心轴线上,两翼对称或基本对称地布置次要建筑,其道路、绿化、小品等要均衡布置。另一种是两侧均匀、对称地布置建筑群,中央利用道路、绿化、建筑小品等形成中轴线,形成大范围开阔的开敞空间。对称式组合方式会形成庄严、肃穆、井然有序、均衡、统一和协调的效果。对称式组合方式适用于一些对功能要求不甚严格,而又希望获得庄严气氛的建筑群体的组合,如纪念性和政治性建筑群体的组合。但是,由于功能限制、凑成绝对对称的形式是困难的。所以,在这种情况下,可以考虑大致对称或基本对称的布局形式。

6.4.2.2 中心式布局的群体组合

把某些性质上比较接近的公共建筑集中在一起,组成各种形式的组团或中心,如居住区中心的公共建筑群、体育中心、展览中心、市政中心等,有时形成对称式组合方式。

6.4.2.3 综合式空间组合

由上述两种或两种以上的群体空间组合形式,具有多种组合的特点,可形成丰富多变的空间,更能有效地适应多变的地形和更好地结合自然环境,此为综合式空间组合。通常规模较大、地形复杂的建筑群体采用综合式空间组合,如图6-54所示。

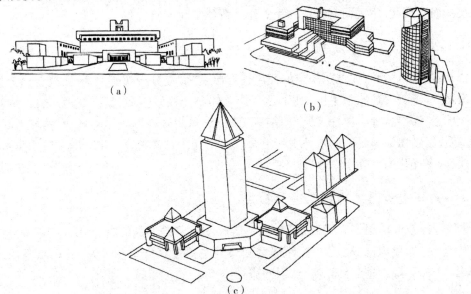

(a)

(b)

(c)

(a)对称式组合; (b)非对称的自由式组合; (c)综合式组合

图6-54 一般公共建筑的组合形式

6.4.3 公共建筑的群体组合方式

如果说功能和地形条件可以赋予群体组合以个性,而使之千变万化、各具特色。那么,统一便是赋予个性中的共性。不论哪一种类型的建筑群,也不论处于何种地形的环境之中,衡量群体组合最终的标准和尺度就是要看它是不是达到了统一。只有个性而无共性的建筑群体,是不可能构成完美的群体组合。从广义的角度看,凡是互相制约着的因素都必然具有某种条理性、秩序感。在公共建筑群体组合中,可以通过研究以下几种制约因素来寻找建筑群体组合达到统一性的途径,如以对称求得统一、以向心求得统一、以结合地形求得统一、以轴线引导和转折求得统一、以共同的体形求得统一和以形式与风格的一致求得统一等。

6.4.3.1　通过对称求得统一

对称本身就是一种制约,而于这种制约之中不仅见出秩序,而且还见出变化。例如两幢完全相同的建筑排列在一起,两者之间无主从之分,相互间没有任何联系,形成互不关联、各自为政的局面,这样就不可能形成一个整体。如果改变一下它们的体形,例如把两者的入口向内倾,这将削弱各自的独立性,再加之绿化设施的相应配合,譬如两者间开设一条道路,这样将改变两者原先的各自为政的局面。在这种情况下,如果在中央设一幢高大的建筑,那么原来两幢建筑便立即退居从属地位,这不仅使中轴线得到有力的加强,同时也形成对称的格局。至此,三幢建筑不仅主从分明,而且又互相吸引,从而形成一种互为依存,互相制约的有机、完整、统一的整体,如图 6 – 55 所示。因此,不同历史时期、不同民族、地区和不同国度的人,都不约而同地借助于这种方法来安排建筑,以期获得完整统一的效果。

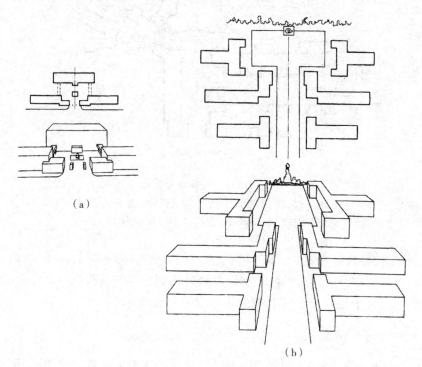

（a）

（b）

（a）以主体建筑为对景的对称式建筑群体组合；（b）以人文景观或自然景观为对景的对称式建筑群体组合

图 6 – 55　对称式建筑群体组合

6.4.3.2　通过轴线的引导、转折达到统一

沿着一条笔直的中轴线对称地排列建筑可以求得统一。但是,由于功能要求,或因地形条件的限制,或因建筑群的规模过大等情况,不允许采用绝对对称的布局形式,仅沿着一条轴线排列建筑可能会显得单调。面对这种情况,可以运用轴线引导或转折的方法,从主轴线中引出副轴线,并使一部分较为主要的建筑沿主轴线排列;另一部分较次要的建筑沿副轴线排列。如果轴线引导的自然、巧妙,同样也可以建立起一种秩序感。具体方法:

①如何根据地形特点合理地引出轴线是能否达到统一的关键。如若地形缺乏良好的呼应关系或轴线构成本身不合理,要想借助本身就有缺陷的轴线,而把众多的建筑结合为一个有机的整体是十分困难的。若干条轴线交织在一起,必须使其转折,其方向明确而肯定,并与特定的地形保持着严格的制约关系(如和地形周边保持平行或垂直的关系)。只有这样,轴线的转折才是有根据的,才能与地形发生有机的联系。此外,各条轴线还必须互相连接并构成一个主副分明、转折适度和大体均衡的完整体系,并将建筑结合称为一个完整统一的整体,如图6-56所示。

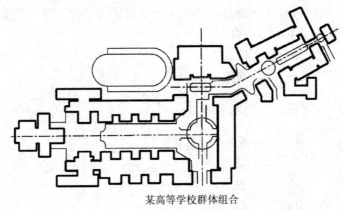

某高等学校群体组合

图6-56　利用构图控制轴线求统一

控制轴线是一种虚拟的线,但对建筑群,包括道路、绿化等都起着布局上的控制作用。在非对称组合中,轴线交汇点往往容易形成兴趣中心,在视觉上应注意引导处理。

②建筑群最终体现效果的是建筑,轴线交叉、转折部位不仅容易暴露矛盾,而且也是气氛或空间序列转换的标志,需要精心加以处理并达到整体的有机统一。注意将道路、绿化一并考虑,有助于把孤立、分散的建筑联系成一个有机整体。

6.4.3.3　通过向心达到统一

如果把建筑环绕着某个中心来布置,并借助建筑的体形而形成一个空间,那么建筑会由此而呈现一种秩序感和互相吸引的关系,从而形成有机统一的整体。如著名的巴黎星形广场,以凯旋门为中心,十二幢建筑周边布置,形成圆形空间。这种布局不仅显而易见地构成一幅完整统一的图案,且凯旋门犹如一个巨大的磁铁紧紧地吸引着周围的建

筑,使任何建筑都不能游离于原形整体之外,只能成为整体的一部分并与其他建筑联系、共存。我国传统的四合院,所有建筑都面向内院,相互间有种向心的吸引力,也是利用向心作用而达到统一的一种组合形式。近现代建筑较为强调功能,在布局上力求活泼而富有变化,整整齐齐、向心地排列建筑,从功能上难以保证其合理性,形式上过于机械、呆板,所以,不能机械地套用上述两种形式。

6.4.3.4　从与地形的结合中求得统一

把若干幢建筑置于地形、环境的制约关系中去,顺应地形的变化而随高就低地布置建筑,使建筑与地形之间发生某种内在联系,从而使建筑与环境融为一体。这时,各单体建筑就不再能够置身于整体之外,必须共存于某个特定的地形环境之中,获得整体的统一性。

6.4.3.5　以共同的体形来求得统一

在建筑群体组合中,若各建筑单体在体形上具有某种共同的特点,如各单体建筑的平面呈现三角形、圆形或其他独特的形状,那么这个特点就像一个公约数一样,有助于建立起一种和谐的秩序,具有的特点愈明显、愈奇特,则共性愈强烈,于是建筑群的统一性显示愈充分。如东京日本国家体育馆,即代代木体育馆,由两幢建筑组成,尽管大小、形状各不相同,但是屋顶都采用了较为奇特的悬索结构,特别是外形、色彩、质感的处理都明显地具有共同的特点——"公约数",从而暗示它们是属于同一个"序列"的。

6.4.3.6　以建筑的形式与风格的统一性求得统一

所谓统一、协调的风格就是寓于个性之中的共性的东西。我国古典建筑在这方面是极好的范例,如明清故宫,其规模之大和建筑形式变化之多在世界建筑历史上都是罕见的。但由于采用程式化的营造做法、相同的材料、统一的结构构件、统一的色彩和质感处理等,结果由这些建筑组成的建筑群体必然是高度的统一。

6.4.4　公共建筑群体组合方式

6.4.4.1　单元组团组合

具有相同功能和结构特征的建筑构成单元,一般将单元进行一种重复式排列组成群体称为单元组团组合。

6.4.4.2　脊椎带式组合

指一条纽带按照线性轨迹展开,连接各并行的分支系统或建筑单元称为脊椎带式组合,如图 6－57 所示。

6.4.4.3　辐射式组合

以中心为原点向四周辐射或四周向中心汇合称为辐射式组合。

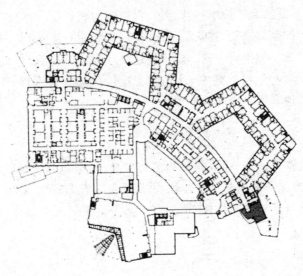

图 6 - 57　脊椎带式组合

6.4.4.4　网格法组合

按一定空间参数,形成正交或斜交的网格,建筑单元以网格为基线来完成群体组合。

6.4.4.5　轴线对位法组合

轴线对位法组合指线的两侧及在线上的建筑,用线构成贯穿、相切以及邻接的关系。用线作为秩序要素,可以通过串联、并联、包容等手法组成整体。对位可以是实对,也可以是虚对。

6.4.4.6　庭院式组合与庭院空间

庭院式组合是指以通廊,走廊和过厅等交通空间作为联系纽带,将建筑单元组合在庭院的周围和交通空间一侧或两侧,纵横交错,围合起庭院空间,庭院式组合有利于与环境结合、映衬,能适应地形的起伏,可以借助建筑、廊、花墙等围合成院落。适用于建筑规模大、平面关系要求适当展开又要联系紧凑的建筑群体的空间组合,如图 6 - 58 所示。另外,还有综合式空间组合,如图 6 - 59 所示。

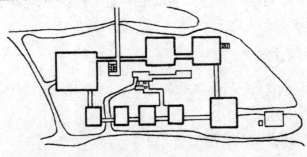

图 6 - 58　庭院式组合

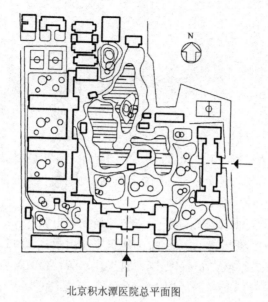

北京积水潭医院总平面图

图6－59　综合式空间组合

本章小结

　　本章内容共分四个部分,即建筑构图基本原理、公共建筑的内部空间处理、公共建筑的外部体形处理及公共建筑群体组合。其中多样统一原则是建筑造型处理的最基本定律,建筑造型的构成要素包括点、线、面、体;单一空间的形式处理主要从空间的体量和尺度、形状和比例、围合与通透等方面考虑,对于多个空间的组合来说,重点采用联系与分隔、对比与变化、重复与再现、衔接与过渡、渗透与层次、引导与暗示、序列与节奏方式进行;外部形体处理常采取增减、拼镶、膨胀、收缩、分裂、旋转、扭曲、分离、接触、渐变、对比、稳定、近似、特异、重叠、相交、分量、连接等手段营造各具特色和适应功能要求的建筑外部造型;公共建筑群体的组合方式总结为单元组团组合、脊椎带式组合、辐射式组合、网格法组合等。

思考题

　　1.对形式美的基本法则——多样统一的理解？结合实例分析？

　　2.简述建筑造型设计应遵循的基本定律？

　　3.在当代建筑设计中许多建筑设计违反了传统的建筑构图原理,请谈一谈你对当代建筑设计中这一现象的看法？

　　4.试举一实例,谈谈你对建筑造型、审美的理解及未来建筑造型的发展趋势？

参 考 文 献

[1]沈福煦. 建筑概论[M]. 上海:同济大学出版社,1994.

[2]吴良镛. 人居环境科学导论[M]. 北京:中国建筑工业出版社,2001.

[3]中国大百科全书总编辑委员会. 中国大百科全书——建筑、园林、城市规划[M]. 北京:中国大百科全书出版社,2004.

[4]武勇. 居住建筑设计原理[M]. 武汉:华中科技大学出版社,2009.

[5]李延龄. 建筑设计原理[M]. 北京:中国建筑工业出版社,2011.

[6]邹广天. 建筑计划学[M]. 北京:中国建筑工业出版社,2010.

[7]刘永德. 建筑空间的形态·结构·涵义·组合[M]. 天津:天津科学技术出版社,1998.

[8]汉宝德. 细说建筑[M]. 石家庄:河北教育出版社,2003.

[9]骆宗岳,徐有岳. 建筑设计原理与建筑设计[M]. 北京:中国建筑工业出版社,1999.

[10][荷]赫曼·赫茨伯格.《建筑学教程2:空间与建筑师》[M]. 刘大馨,译. 天津:天津大学出版社,2003.

[11]张文忠. 公共建筑设计原理[M]. 北京:中国建筑工业出版社,2008.

[12]周波. 建筑设计原理[M]. 成都:四川大学出版社,2007.

[13][日]芦原义信. 外部空间设计[M]. 尹培桐,译,北京:中国建筑工业出版社,1985.

[14]彭一刚. 建筑空间组合论[M]. 北京:中国建筑工业出版社,1998.

[15]赵晓光. 民用建筑场地设计[M]. 北京:中国建筑工业出版社,2004.

[16]刘磊. 场地设计[M]. 北京:中国建材工业出版社,2007.

[17]闫寒. 建筑学场地设计[M]. 北京:中国建筑工业出版社,2006.

[18]张伶伶. 场地设计[M]. 北京:中国建筑工业出版社,2011.

[19][英]比尔·邓斯特. 走向零能耗[M]. 北京:中国建筑工业出版社,2008.

[20]刘建荣. 高层建筑设计与技术[M]. 北京:中国建筑工业出版社,2005.

[21]邢双军. 建筑设计原理[M]. 北京:机械工业出版社,2008.

[22]朱瑾. 建筑设计原理与方法[M]. 上海:东华大学出版社,2009.

[23]周长亮. 建筑设计原理[M]. 上海:上海人民美术出版社,2011.

[24]王小红. 大师作品分析——解读建筑[M]. 北京:中国建筑工业出版社,2008.

[25]孙礼军. 建筑的基本知识[M]. 天津:天津大学出版社,2000.